绿色食品申报指南
牛羊卷

中国绿色食品发展中心 编著

中国农业科学技术出版社

图书在版编目（CIP）数据

绿色食品申报指南. 牛羊卷 / 中国绿色食品发展中心编著. --北京：中国农业科学技术出版社，2022.1

ISBN 978-7-5116-5601-8

Ⅰ.①绿… Ⅱ.①中… Ⅲ.①牛肉—绿色食品—申报—中国—指南 ②羊肉—绿色食品—申报—中国—指南 Ⅳ.①TS2-62

中国版本图书馆CIP数据核字（2021）第252440号

责任编辑　史咏竹
责任校对　贾海霞
责任印制　姜义伟　王思文

出 版 者	中国农业科学技术出版社
	北京市中关村南大街12号　邮编：100081
电　　话	（010）82105169（编辑室）（010）82109702（发行部）
	（010）82109709（读者服务部）
传　　真	（010）82105169
网　　址	http：// www.castp.cn
经 销 者	各地新华书店
印 刷 者	北京地大彩印有限公司
开　　本	148 mm×210 mm　1/32
印　　张	9.875
字　　数	260千字
版　　次	2022年1月第1版　2022年1月第1次印刷
定　　价	58.00元

版权所有·翻印必究

《绿色食品申报指南》丛书编委会

主　任　张华荣

副主任　唐　泓　杨培生　陈兆云　张志华

委　员　李显军　何　庆　李连海　余汉新
　　　　　马乃柱　穆建华　马　卓　陈　倩

《绿色食品申报指南·牛羊卷》编写人员

主　　编　盖文婷　陈　倩　贾　鹏　王雪薇

副 主 编　李显军　屠　焰　杨　震　乔春楠　陈红彬

　　　　　　胡凤明　宋　铮

编写人员（排名不分先后）

　　　　　　张　侨　乔春楠　张逸先　赵建坤　王宗英

　　　　　　徐淑波　王　晶　卢　猛　焦　崇　张春桃

　　　　　　付域泽　韩露露　李　琴

序

良好的生态环境、安全优质的食品是人们对美好生活的追求和向往。为保护我国生态环境，提高农产品质量，促进食品工业发展，增进人民身体健康，农业部[①]于20世纪90年代推出了以"安全、优质、环保、可持续发展"为核心发展理念的"绿色食品"。经过近30年的发展，绿色食品事业发展取得显著成效，创建了一套特色鲜明的农产品质量安全管理制度，打造了一个安全优质的农产品精品品牌，创立了一个蓬勃发展的新兴朝阳产业。截至2020年年底，全国有效使用绿色食品标志的企业总数已达19 321家，产品总数42 739个。发展绿色食品为提升我国农产品质量安全水平，推动农业标准化生产，增加绿色优质农产品供给，促进农业增效、农民增收发挥了积极作用。

绿色食品发展契合我国新时代生态文明建设、乡村产业振兴、农业绿色发展、质量兴农、品牌强农等战略部署和要求，日益受到各级地方政府部门、生产企业、农业从业者和消费者的广泛关注和高度认可。越来越多的生产者希望生产绿色食品、供应绿色食品，越来越多的消费者希望了解绿色食品、吃上绿色食品。

为了让各级政府和农业农村主管部门、广大生产企业与从业人员、消费者系统了解绿色食品发展概况、生产技术与管理要求、申报流程和制度规范，中国绿色食品发展中心2019年开始组织专家着

[①] 中华人民共和国农业部，全书简称农业部。2018年3月，国务院机构改革将农业部职责整合，组建中华人民共和国农业农村部，简称农业农村部。

手编写《绿色食品申报指南》系列丛书,先期已编写出版稻米、茶叶、水果、蔬菜四类产品分卷,2021年完成了牛羊卷的编写。丛书从指导绿色食品生产和申报的角度,将《绿色食品标志管理办法》《绿色食品标志许可审查程序》《绿色食品标志许可审查工作规范》《绿色食品现场检查工作规范》以及绿色食品相关制度、标准和规范中晦涩难懂的条文充分融合提炼,以通俗易懂的文字、图文并茂的形式展现给读者,力求体现科学性、实操性和指导性。丛书每册共分5章,包括绿色食品概念及发展状况的简要介绍,绿色食品生产技术的详细解析,绿色食品申报要求的重点解读,具体产品申报的案例示范和各类常见问题的解答。同时,为方便读者查询,丛书还附录绿色食品通用技术标准和相关产品标准。

本套丛书对申请使用绿色食品标志的企业和从业者有较强的指导性,可作为绿色食品企业、绿色食品内部检查员和农业生产从业者的培训教材和工具书,绿色食品工作人员的工作指导书,也可为关注绿色食品事业发展的各级政府有关部门、农业农村主管部门工作人员和广大消费者提供参考。

中国绿色食品发展中心主任 张华荣

目 录

第一章 绿色食品概述 …………………………… 1
　一、绿色食品概念 …………………………………… 1
　二、绿色食品发展成效 ……………………………… 5
　三、绿色食品市场发展 ……………………………… 9
　四、绿色食品发展前景展望 ………………………… 14

第二章 绿色食品牛羊产品生产及技术要求 ……… 18
　一、产地环境要求 …………………………………… 18
　二、牛羊繁育与引进 ………………………………… 25
　三、饲料及饲料添加剂 ……………………………… 32
　四、粗饲料加工 ……………………………………… 48
　五、饲料贮藏 ………………………………………… 56
　六、饲养管理 ………………………………………… 57
　七、疫病防治 ………………………………………… 67
　八、屠宰分割 ………………………………………… 74
　九、污染物处理 ……………………………………… 79
　十、天然放牧牛羊 …………………………………… 84

第三章　绿色食品牛羊产品申报要求 ······ 90
　　一、绿色食品申报条件 ······ 90
　　二、绿色食品申报流程 ······ 93
　　三、绿色食品申报材料内容和要求 ······ 99

第四章　绿色食品牛羊产品申报范例 ······ 125
　　一、《绿色食品标志使用申请书》和各类调查表填写
　　　　范例 ······ 126
　　二、质量控制规范编制范例 ······ 149
　　三、生产操作规程编制范例 ······ 181
　　四、基地图绘制范例 ······ 218
　　五、合同协议类文件签署范例 ······ 221
　　六、资质证明文件 ······ 229
　　七、预包装标签设计与绿色食品标志使用 ······ 232

第五章　绿色食品申报常见问题 ······ 233
　　一、关于绿色食品申报流程的常见问题 ······ 233
　　二、关于绿色食品申报资质的常见问题 ······ 234
　　三、关于绿色食品生产要求的常见问题 ······ 236
　　四、关于绿色食品标志使用的常见问题 ······ 237
　　五、其他常见问题 ······ 239

参考文献 ······ 240

附录1　绿色食品　产地环境质量 …………………………… 243

附录2　绿色食品　饲料及饲料添加剂使用准则 ……………… 254

附录3　绿色食品　兽药使用准则 …………………………… 268

附录4　绿色食品　畜禽卫生防疫准则 ……………………… 279

附录5　绿色食品　包装通用准则 …………………………… 289

附录6　绿色食品　贮藏运输准则 …………………………… 294

附录7　绿色食品　畜肉 ……………………………………… 298

第一章
绿色食品概述

一、绿色食品概念

(一) 绿色食品产生的背景

良好的生态环境、安全优质的食品是人们对美好生活追求的重要内容，是人类社会文明进步的重要体现，国际社会历来关注和重视环境保护和食品安全问题。20世纪80年代末、90年代初，随着我国经济发展和人们生活水平的提高，人们对食品的需求从简单的"吃得饱"向"吃得好""吃得安全""吃得健康"的更高层次转变，同时农业发展开始实现战略转型，向高产、优质、高效方向发展，农业生产和生态环境和谐发展日益受到关注。根据这种形势，农业部农垦部门在研究制订全国农垦经济社会"八五"发展规划时，根据农垦系统得天独厚的生态环境、规模化集约化的组织管理和生产技术等优势，借鉴国际有机农业生产管理理念和模式，提出在中国开发绿色食品。

开发绿色食品的战略构想得到农业部领导的充分肯定和高度重视。1991年，农业部向国务院呈报了《关于开发"绿色食品"的情况和几个问题的请示》。国务院对此做出重要批复（图1-1），明确指出："开发'绿色食品'（无污染食品）对保护生态环境，提高农产品质量，促进食品工业发展，增进人民身体健康，增加农产品出口创汇,都具有现实意义和深远影响……要采取有效措施,坚持不懈地抓好这项开创性的工作,各有关部门要给予大力支持。"

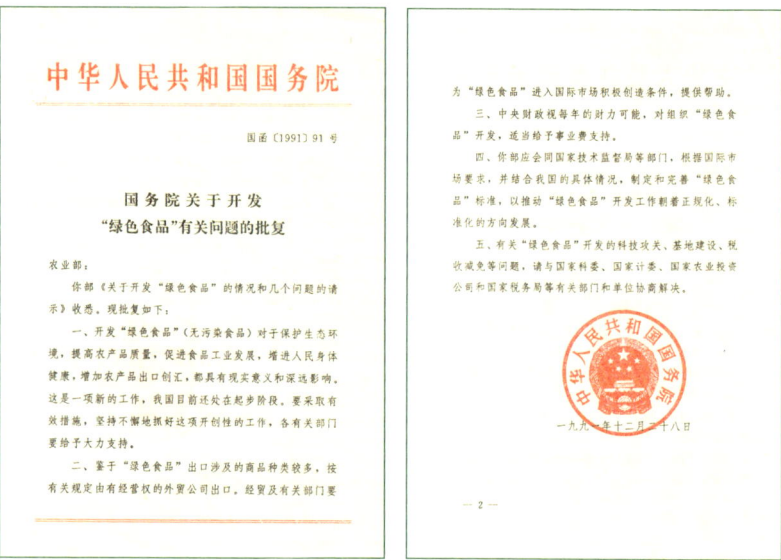

图1-1 国务院关于开发"绿色食品"有关问题的批复文件

1992年,农业部成立绿色食品办公室,并在国家有关部门的支持下组建了中国绿色食品发展中心,组织开展全国绿色食品开发和管理工作。从此,我国绿色食品事业步入了规范有序、持续发展的轨道。

(二)绿色食品概念、特征和发展理念

绿色食品并不是"绿颜色"的食品,而是对"无污染"食品的一种形象的表述。绿色象征生命和活力,食品维系人类生命,自然资源和生态环境是农业生产的根基,农业是食品的重要来源,由于与生命、资源和环境相关的食物通常冠之以"绿色",将食品冠以"绿色","绿色食品"概念由此产生,突出强调这类食品出自良好的生态环境,并能给人们带来旺盛的生命活力。所以最初绿色食品特指无污染的安全、优质、营养类食品。随着绿色食品事业发展的不断壮大，制度规范不断健全，标准体系不断完善，其概念和内涵也不断丰富和深化。《绿色食品标志管理办法》规定，绿色食品指产自优良生态环境、按照绿色食品标准生产、实行全程质量控制并获得绿色食品标志使用权的安全、优质食用农产品及相关产品。

绿色食品的概念充分体现了绿色食品的"从土地到餐桌"全程质量控制的基本要求和安全优质的本质特征。按照"从土地到餐桌"全程质量控制的技术路线，绿色食品创建了"环境有监测、生产有控制、产品有检验、包装有标识、证后有监管"的标准化生产模式，并建立了完善的绿色食品标准体系。农业农村部发布的现行有效绿色食品标准共140项，涵盖产地环境、生产技术、产品质量和包装贮运4部分标准，突出体现绿色食品促进农业可持续发展、提供安全优质营养食品、提升产业发展水平和促进农民增产增效的发展理念。

（三）绿色食品标志

1990年，绿色食品事业创建之初，开拓者们认为绿色食品应该有区别于普通食品的特殊标识，因此根据绿色食品的发展理念构思设计出了绿色食品标志图形（图1-2）。该图形由3部分构成，上方的太阳、下方的嫩芽和中心的蓓蕾，象征自然生态；颜色为绿色，象征着生命、农业、环保；图形为正圆形，意为保护。绿色食品标志图形描绘了一幅明媚阳光照耀下的和谐生机，意欲告诉人们，绿色食品正是出自优良生态环境的安全、优质食品，同时还提醒人们要保护环境，通过改善人与自然的关系，创造自然界新的和谐。

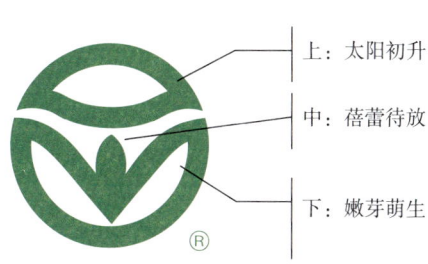

图1-2 绿色食品标志

1991年，绿色食品标志经国家工商总局①核准注册，1996年又成功注册成为我国首例质量证明商标，受法律的保护。《中华人民共和国商标法》明确规定，经商标局核准注册的商标为注册商标，包括商品商标、服务商标、集体商标和证明商标；商标注册人享有商标专用权，受法律保护。中国绿色食品发展中心是绿色食品证明商标的注册人。根据《绿色食品标志管理办法》，中国绿色食品发展中心负责全国绿色食品标志使用申请的审查、颁证和颁证后跟踪检查工作。

证明商标是指由对某种商品或者服务具有监督能力的组织所控制，而由该组织以外的单位或者个人使用于其商品或者服务，用以证明该商品或者服务的原产地、原料、制造方法、质量或者其他特定品质的标志。

> **普通商标与证明商标区别**
> （1）证明商标，注册人必须有检测、监督能力，其他自然人、企业或组织不能注册；普通商标注册人无此要求。
> （2）申请证明商标，还要审查公信力、检测监督能力和《证明商标使用管理规则》；普通商标申请人真实合法就可以。
> （3）证明商标注册人自身不能使用该商标。
> （4）普通商标能不能用，注册人说了算；证明商标使用条件明确公开，达标就能申请使用。

目前，中国绿色食品发展中心在国家知识产权局商标局注册的绿色食品图形、文字和英文以及组合等10种形式（图1-3），包括标准字体、字形和图形用标准色都不能随意修改。同时，绿色食品商标已在美国、俄罗斯、法国、澳大利亚、日本、韩国、中国香港等11个国家和地区成功注册。

---

① 中华人民共和国国家工商行政管理总局，全书简称国家工商总局。2018年3月，国务院机构改革将其商标管理职责整合，组建中华人民共和国国家知识产权局商标局。

图 1-3　绿色食品标志形式

二、绿色食品发展成效

经过30年的发展,我国绿色食品从概念到产品,从产品到产业,从产业到品牌,从局部发展到全国推进,从国内走向国际。总量规模持续扩大,品牌影响力持续提升,产业经济、社会和生态效益日益显现,成为我国安全优质农产品的精品品牌,为推动农业标准化生产、提高农产品质量水平,促进农业提质增效、农民增收脱贫,保护农业生态环境、推进农业绿色发展等发挥了积极示范引领作用。

（一）创立了一个新兴产业

绿色食品建立了以品牌为引领，基地建设、产品生产、市场流通为链接的产业发展体系，产业发展初具规模，水平不断提高。

截至2020年年底，全国有效使用绿色食品标志的企业总数已达19 321家，产品总数已达42 739个。获证主体包括6 208家地市县级以上龙头企业和5 900多家农民专业合作组织。产品涵盖农林及加工产品、畜禽类产品和水产类产品等五大类57小类1 000多个品种产品。获证绿色食品产品中农林及加工类占比80.3%，水产类占比1.5%，畜禽类占比4.2%，其中，牛、羊肉产品755个，年产量约6.64万吨。全国共建成绿色食品原料标准化生产基地742个，种植面积1.71亿亩①，涉及百余种地区优势农产品和特色产品，共带动2 247多万个农户发展。

绿色食品产地环境监测的农田、果园、茶园、草原、林地和水域面积为1.56亿亩。

绿色食品发展总量和产品结构情况如图1-4和图1-5所示。

图1-4 2005—2020年有效使用绿色食品标志的企业总数和产品总数

---

① 1亩≈667米²，全书同。

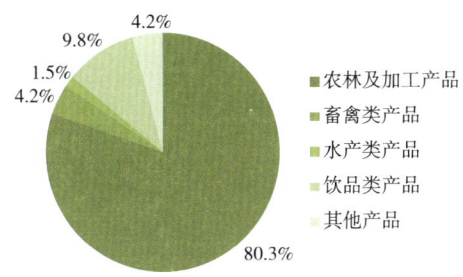

图1-5 绿色食品产品结构

（二）保护了生态环境，促进了农业可持续发展

绿色食品生产要求选择生态环境良好、无污染的地区，远离工矿区和公路、铁路干线，避开污染源；在绿色食品和常规生产区域之间设置有效的缓冲带或物理屏障，以防绿色食品生产基地受到污染；建立生物栖息地，保护基因多样性、物种多样性和生态系统多样性，以维持生态平衡；要保证基地具有可持续生产能力，不对环境或周边其他生物产生污染。根据2020年中国农业大学张福锁院士团队"绿色食品生态环境效应、经济效益和社会效应评价"课题研究，其生态环境效益主要体现在以下三方面。

1. 减肥减药成效显著，3类作物呈增产效应

绿色食品生产模式化学氮肥投入量减少39%、化学磷肥投入量减少22%、化学钾肥投入量减少8%，近10年累计减少化学氮肥投入1 458万吨；农药使用强度降低60%，近10年累计减少农药投入54.2万吨。与常规种植模式相比，绿色食品生产模式作物产量平均提高11%，其中粮食、蔬菜类及经济作物单产分别增加12%、32%、13%。

2. 有效提高耕地质量、促进土壤健康

土壤有机质、全氮、有效磷和速效钾含量分别提高17.6%、14.1%、38.5%和27.1%。种植绿色食品10年后，土壤有机质、全氮、有效磷和速效钾分别增加31%、4.9%、42%和32%。

3. 减排效果显著，大幅提升生态系统服务价值

近10年，氨挥发累计减排98.42万吨，硝酸盐（NO_3^-）淋洗减少61.98万吨，一氧化二氮（N_2O）减排4.29万吨，温室气体减排5 558万吨，2009—2018年，绿色食品生产模式累计创造生态系统服务价值32 059亿元。

（三）构建了具有国际先进水平的标准体系

经过30年的探索和实践，绿色食品从安全、优质和可持续发展的基本理念出发，立足打造精品，满足高端市场需求，创建并落实"从土地到餐桌"的全程质量管理模式，建立了一套定位准确、结构合理、特色鲜明的标准体系，包括产地环境质量标准、生产过程标准、产品质量标准、包装与贮运标准4个组成部分，涵盖了绿色食品产业链中各个环节标准化要求。绿色食品标准质量安全要求达到国际先进水平，一些安全指标甚至超过欧盟、美国、日本等发达国家与地区水平。目前农业农村部累计发布绿色食品标准297项，现行有效标准140项。绿色食品标准体系为指导和规范绿色食品的生产行为、质量技术检测、标志许可审查和证后监督管理提供了依据和准绳，为绿色食品事业持续健康发展提供了重要技术支撑。同时也为不断提升我国农业生产和食品加工水平树立了"标杆"。

（四）促进了农业生产方式转变，带动了农业增效、农民增收

绿色食品申请人需能独立承担民事责任，具有稳定的生产基地，因此，发展绿色食品需将一家一户的农业生产集中组织起来，组成企业组织模式或合作社模式。绿色食品促进了粗放型、散户型、人力化农业生产向规范化、集约化和智能机械化生产转变，不仅保证了农产品的质量，保护生态环境，还带动了农业增效、农民增收。张福锁院士的调查研究显示，70%以上的绿色食品企业管理

者认为发展绿色食品有利于其产品、价格、渠道和促销升级，企业年产值增加50.3%，农户收入增加43%，企业通过发展绿色食品，实现了产品质量不断提升，经济效益稳步增加的"双赢"局面。在产业扶贫工作中，绿色食品也发挥了重要作用，2016—2020年绿色食品累计支持国家级贫困县以及新疆[①]、西藏[②]等地区的5 154个企业发展了11 351个绿色食品产品。根据对河北、吉林、河南、湖南、贵州、云南、西藏、甘肃8省（区）调研数据，发展绿色食品带动贫困地区近56万个贫困户脱贫，年收入户均增加约7 000元。

三、绿色食品市场发展

市场是绿色食品发展的根本动力，是实现绿色食品品牌价值的基本平台。多年来，绿色食品面向国际与国内两个市场，加强品牌的深度宣传，加大市场服务力度，搭建多渠道营销体系，不断提升品牌的认知度和公信度，提升品牌的竞争力和影响力，使绿色食品始终保持"以品牌引领消费、以消费拓展市场、以市场拉动生产"持续健康发展的局面。

（一）绿色食品消费调查分析

经过多年发展，绿色食品已得到公众的普遍认可，消费者对绿色食品品牌的认知度已超过80%，绿色食品已成为我国最具知名度和影响力的品牌之一，满足了人们对安全、优质、营养类食品的需求。

华商传媒研究所2015年对来自全国15个副省级以上城市和4个直辖市的6 000名消费者问卷调查进行分析，结果显示，2014年有87.77%的人"购买过"绿色食品，选择"没有购买过"的仅占4.33%。另外，还有7.90%的人表示"不清楚"（图1-6）。

---

① 新疆维吾尔自治区，全书简称新疆。
② 西藏自治区，全书简称西藏。

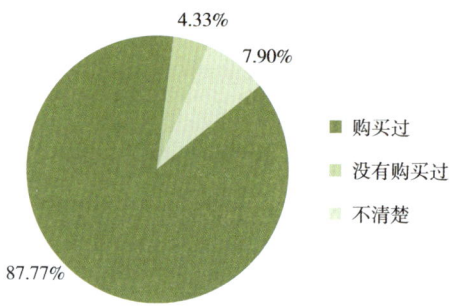

图1-6 绿色食品购买情况调查

在对消费者购买绿色食品主要基于哪些方面考虑的调查中,受访者认为"无污染,对健康有利"是其选择绿色食品的主要原因,占81.85%;基于"担心市面上的食品不安全"考虑的受访者占58.15%;选择"主要是买给孩子吃"和"营养价值高"的比例接近,分别为33.18%和32.98%(图1-7)。

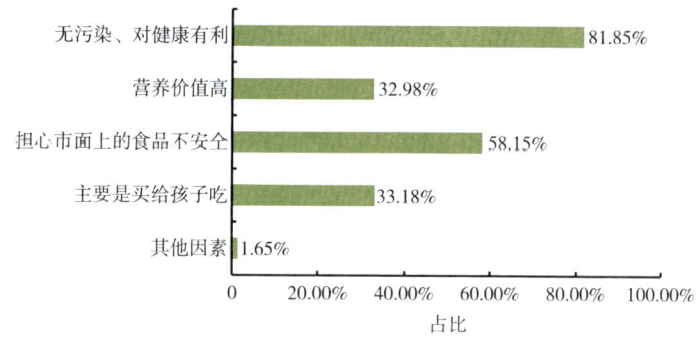

图1-7 绿色食品选择原因调查

调查结果显示,"过去一年居民家里购买绿色食品的频率"在"10次以上/年"的受访者占40.88%;23.85%的受访者选择"3～5次/年";"未购买过"的比例在3.82%(图1-8)。

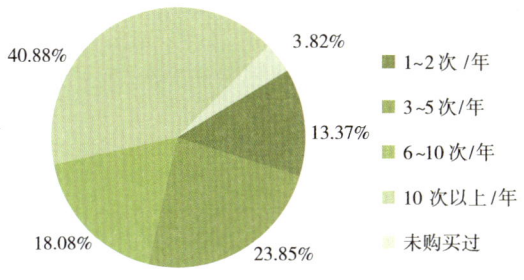

图1-8 绿色食品购买频率调查

调查结果显示,在"居民所在城市的绿色食品专营店数量"一题中,60.61%的受访者选择"大型超市有专柜";16.92%的受访者表示"未关注过"(图1-9)。

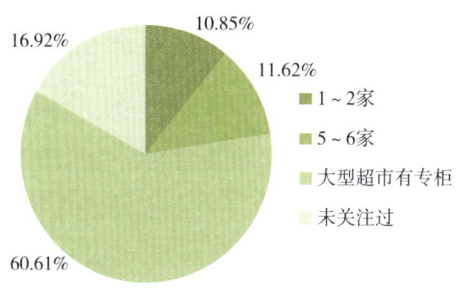

图1-9 绿色食品专营店数量调查

对于绿色食品价格的调查中,48.72%的受访者能接受比一般商品高30%以下;40.58%的受访者接受比一般商品高30%~50%;对于绿色食品高于一般商品价格80%以上,受访者基本不接受(图1-10)。

在对待绿色食品的态度上,68.77%的受访者表示"为了健康,偶尔会选择绿色食品";21.95%的受访者表示"即使价格贵很多,也倾向于购买绿色食品";6.55%的受访者称"价格太高,不太会购买绿色食品";另有2.73%的受访者认为"是否是绿色食品无所谓"(图1-11)。

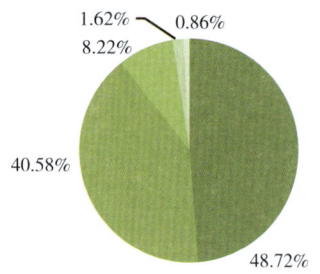

图1-10 绿色食品价格调查

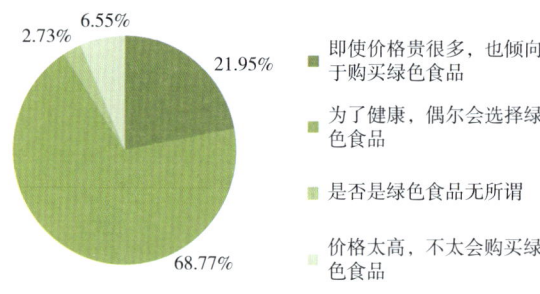

图1-11 居民对待绿色食品态度调查

在对特定人群的绿色食品消费进行分析后,结果显示:①男、女购买绿色食品比例基本相同;②老年人和高素质人群更注重食品健康和饮食安全;③高学历人群更注重下一代健康;④高学历、高收入群体是绿色食品消费的主力人群;⑤消费者承受的价格区间是比普通食品价格高50%以下。

(二)绿色食品销售情况

随着人们生活水平的不断提升,绿色食品供给能力的不断提升,绿色食品国内外销售额逐年攀升。目前,在国内部分大中城市,绿色食品通过专业营销机构和电商平台进入市场,一大批大型连锁经营企业设立了绿色食品专店、专区和专柜。中国绿色食品博览会已成功举办21届,吸引了大量国内外的生产商和专业采购商,成为产销对接、贸易合作和信息交流的重要平台(图1-12至图1-16)。

图 1-12　第二十一届中国绿色食品博览会暨第十四届中国国际有机食品博览会在厦门举办

图 1-13　第二十一届中国绿色食品博览会内蒙古展区

图 1-14　第二十一届中国绿色食品博览会广西展区

图 1-15　第二十一届中国绿色食品博览会扶贫展区

图 1-16　第二十一届中国绿色食品博览会山西展区

绿色食品国内销售额从1997年的240亿元发展到2020年的5 075亿元，出口额从1997年的7 000多万美元，发展到2020年的36.78亿美元（图1-17和图1-18）。

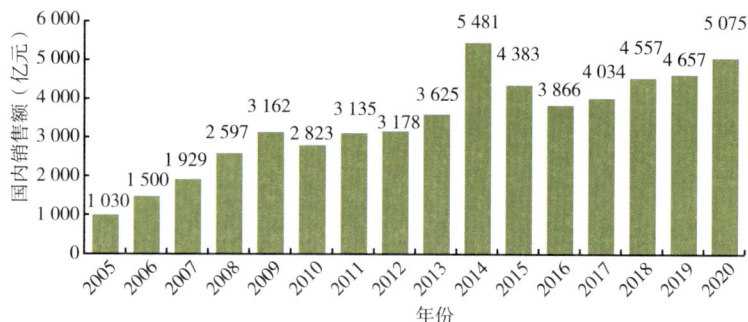

图1-17　2005—2020年绿色食品产品国内销售额

图1-18　2005—2020年绿色食品产品出口额

四、绿色食品发展前景展望

（一）政策支持

发展绿色食品得到党和政府的高度重视和大力支持。习近平总书记在福建工作时就强调："绿色食品是21世纪的食品，很有市场前景，且已引起各级政府和主管部门的关注，今后要在生产研发、生产规模、市场开拓方面加大力度。"在2017年全国"两会"上，习近平总书记在参加四川省代表团审议时指出："要坚持市场需求导向，主攻农业供给质量，注重可持续发展，加强绿色、有机、无公害农产品供给。"

2004年以来，中央一号文件8次提出要大力发展绿色食品。

2020年：继续调整优化农业结构，加强绿色食品、有机农产品、地理标志农产品认证和管理，打造地方知名农产品品牌，增加绿色农产品供给。

2017年：支持新型农业经营主体申请"三品一标"[①]认证，加快提升国内绿色、有机农产品认证的权威性和影响力。

2010年：加快农产品质量安全监管体系和检验检测体系建设，积极发展无公害农产品、绿色食品、有机农产品。

2009年：加快农业标准化示范区建设，推动龙头企业、农业专业合作社、专业大户等率先实行标准化生产、支持建设绿色和有机农产品生产基地。

2008年：积极发展绿色食品和有机食品，培育名牌农产品，加强农产品地理标志保护。

2007年：搞好无公害农产品、绿色食品、有机食品认证，依法保护农产品注册商标、地理标志和知名品牌。

2006年：加快建设优势农产品产业带，积极发展特色农业、绿色食品和生态农业、保护农产品品牌。

2004年：开展农业投入品强制性产品认证试点，扩大无公害、绿色食品、有机食品等优质农产品的生产和供应。

---

① "三品一标"指绿色食品、有机农产品、无公害农产品及农产品地理标志。

(二)产业扶持

近年来,为贯彻绿色发展理念,推动农业农村经济高质量发展,我国加快构建推进农业绿色发展的政策体系。2016年农业部与财政部[①]联合印发了《建立以绿色生态为导向的农业补贴制度改革方案》,加快推动相关农业补贴政策改革,把政策目标由数量增长为主转到数量、质量和生态并重上来。围绕推进农业绿色发展"五大行动",2017年,财政部和国家发展改革委[②]安排资金,支持耕地轮作休耕制度试点、绿色高效技术服务、农业面源污染防治、有机肥替代化肥试点、畜禽粪污资源化利用试点等。安排资金,支持耕地保护与质量提升、黑土地保护利用、农作物秸秆综合利用、草原生态保护补助奖励、渔业增殖放流等,建立多元化生态保护补偿机制。2017年,中共中央办公厅、国务院办公厅印发了《关于创新体制机制推进农业绿色发展的意见》,意见要求完善农业生态补贴制度,有效利用绿色金融激励机制,探索绿色金融服务农业绿色发展的有效方式,加大绿色信贷及专业化担保支持力度,创新绿色生态农业保险产品。同年,农业部会同中国农业银行发布了《关于推进金融支持农业绿色发展工作的通知》,提出聚焦农业绿色发展和绿色金融,加快构建多层次、广覆盖、可持续的农业绿色发展金融服务体系。

农业产业化龙头企业、农民专业合作社、家庭农场是绿色食品发展的主体。2017年中央一号文件要求,支持新型农业经营主体申请"三品一标"认证,加快提升国内绿色、有机农产品认证的权威性和影响力。为促进现代农业产业体系、生产体系、经营体系建设,中共中央办公厅、国务院办公厅印发了《关于加快构建政策体

---

① 中华人民共和国财政部,全书简称财政部。
② 中华人民共和国国家发展和改革委员会,全书简称国家发展改革委。

系 培育新型农业经营主体的意见》。农业部认真贯彻落实中央文件精神，立足实施乡村振兴战略，依托农业绿色发展"五大行动"和"质量兴农八大行动"，为新型农业经营主体发展"三品一标"创造政策、法律、技术、市场等环境和条件，特别针对突出困难，会同有关部门重点在金融、保险、用地等方面加大政策创设力度，引导新型农业经营主体多元融合发展、多路径提升规模经营水平、多模式完善利益分享机制以及多形式提高发展质量。2017年，中央财政安排补助资金14亿元专门用于支持合作社和联合社，重点支持制度健全、管理规范、带动力强的国家示范社，发展绿色生态农业，开展标准化生产，突出农产品加工、产品包装、市场营销等关键环节，进一步提升自身管理能力、市场竞争能力和服务带动能力。

绿色食品发展契合当前国家生态文明建设、农业绿色发展、质量兴农、乡村产业振兴等时代发展主题，是满足人们对美好生活需求的重要支撑，是农业增效、农民增收的重要途径，具有广阔的发展前景，未来必将成为农业绿色发展的标杆、品牌农业发展的主流。

第二章
绿色食品牛羊产品生产及技术要求

一、产地环境要求

(一)饲养环境

1. 场址规划选择

养殖场的选址关系到投资和经营成果以及公共卫生安全,是养殖环节的基础性工作。养殖场的选址涉及面积、地势、水源、防疫、交通、电源、排污和环保等诸多方面。需要严格把控、周密计划,坚决执行《中华人民共和国畜牧法》和《中华人民共和国动物防疫法》的规定,同时符合NY/T 2662—2014《标准化养殖场 奶牛》、NY/T 2663—2014《标准化养殖场 肉牛》、NY/T 473—2016《绿色食品 畜禽卫生防疫准则》及NY/T 2665—2014《标准化养殖场 肉羊》的要求。

面积与地势:养殖场主要分为生产区、管理区、生活区,并且需要10%~20%的占地面积作为预留空间。场址地势应处于高燥、阳光充足、利于通风、排水好,若在山区建场,应选择在坡度不大的半山腰处,并避开容易断层、滑坡、塌方等自然灾害地段。

水源:水源是选址的先决条件,首先保证水量充足,能满足该养殖场生产、生活、消防及建筑施工用水;畜牧养殖场可共享周边地区的自来水设施,但为确保场内不断水,必须建造自己的水塔或贮水池；水质要良好，且取用方便，无论是地面水还是地下水，都应对水样进行物理、化学和微生物污染等方面的分析化验，确保人畜生产、生活安全同时应该远离生活饮用水。

防疫和公共卫生：场址应距公路、铁路交通干线和居民区、医院、公共场所、工矿企业2千米以上，距离垃圾处理场、垃圾填埋场、风景旅游区、点污染源5千米以上。配备满足生产的兽医场所且具备常规检验条件。

交通：场址既要避开交通主干道，又要交通方便，饲养人员、牲畜和剩料的通行运转应采取不交叉单一流向，减少污染和动物疫病传播。

供电：场址应距电源最近，既利于节省输变电开支，又可保持供电稳定。连接电路应符合国家要求，与供电局协商一致，不可高负荷用电。

排污与环保：养殖场所通过生物发酵的方法搞好养殖场粪便和污水的处理。不可随意排放。通过高温堆肥、沼气发酵等方式对粪污进行处理。饲养场粪便、污水、污物固体废弃物的处理应符合NY/T 1168—2006《畜禽粪便无害化处理技术规范》及国家环保要求，处理后饲养场污物排放标准应符合GB 18596—2001《畜禽养殖业污染物排放标准》的要求。

2. 养殖场所布局

规划场区：生产区是养殖场的核心部分，主要包括畜舍及生产设施；生活区主要包括宿舍、食堂和附属设施；办公区主要包括行政办公室、销售和与生产相关的附属设施；隔离区主要是兽医室、隔离舍、病死牲畜无害化处理设施等。

场内布局：首先根据地方风向及流水向，搭建布局养殖区。在风向上，以生活区为上风向，生产区为下风向。办公区、隔离区等要与生产区处于侧风向，避免办公区、隔离区的病原体随风向传播到畜舍内。在地势上，办公区、生活区要处于生产区的高地势部位，隔离区则要处在低地势部位。在物流上，下风向、低地势的物品不能向高地势、上风向方向流动。场内道路要求将净道与污道有效分离，绝不能交叉，以减少饲料、牲畜、粪污的运输人员流动中相互污染的机会，有利于防疫。排水要通畅，并尽可能将污水和雨水分开设置排放沟，以减轻污水处理压力。饲料加工厂建在种畜舍与育肥舍之间，便于饲喂。

3.栏舍建设条件

畜舍要求：畜舍方向以东西方走向为主，坐北朝南，方便采光，舍顶要有一定厚度（不少于10毫米），舍内空气流动要好，必要时可装通风换气装置。

屋顶：屋顶的作用是承重（承受风雪荷载）、防水（雨水）、保温隔热。此外，还应有不透气、耐久、结构轻便、简单、防火、造价便宜等特点。屋顶的形式繁多，常用的形式有单坡式、双坡式、综合式、平屋顶、气楼式、锯齿式等，结合实际需要与当地气候进行选择。

天棚：为了冬季防止舍内热量大量从屋顶处排出，夏季阻止强烈的太阳辐射热传入舍内，同时也利于通风换气，天棚需要具备高度的保温隔热性能。因地制宜，尽量使用当地价廉、热阻值高的材料，常用的有混凝土板、木板等。

墙体：墙体是畜舍结构的主要部分。例如砌墙，其重量占畜舍建筑物总量的40%~65%，造价占总造价的30%~40%。墙也是畜舍的重要外围护结构，它将保证舍内具有必要的温度、湿度，并且通过窗户等保证舍内有良好的通风和光照。墙体必须具备保温、隔热、坚固、耐久、抗震、耐水、防水等性能。应尽量选用隔热性能好的材料作墙体，国内目前一般使用的墙体材料多是空心砖或黏土砖，可根据各地的气候条件和各类畜舍的环境要求选用不同厚度的砖墙。

门：畜舍门有内外之分。舍内分间的门和各附属建筑通向舍内的门称作内门，通向舍外的门称作外门。畜舍外门的大小，应充分考虑家畜自由出入的需要、运料与清粪的需要，以及意外情况发生时能迅速疏散家畜的需要。每栋畜舍的两端墙上（山墙）至少应设两个向外的大门，正对中央通道，以便于运料、清粪，也便于实现机械化作业。大跨畜舍也可正对粪尿道设门，门的多少、大小等都应根据畜舍的实际情况处理。较长或带运动场的畜舍在纵墙上也可设门，但要尽量设在向阳背风一侧。寒冷地区要注意门的保温，可设双层门，有必要时还可加挂门帘。

窗：窗户的功能在于保证畜舍有良好的采光和通风换气。窗户的数量、大小、形状、位置不仅对舍内的光照与温度状况具有重大的意义，直接影响到舍内通风质量的优劣以及有害气体、湿气的排出。寒冷地区保温是主要矛盾，所以在保证采光系数和夏季通风的基础上适当少设窗，窗户面积也不宜过大。在温暖地区主要是保证通风，可适当多设窗和加大窗户面积，但也不宜过大，要根据具体情况，因时因地制宜。

地面：畜舍地面的综合性要求为坚实、耐久、不硬、有弹性、平坦、不滑、保温、不冷、不渗水、不潮、有利于消毒与排污、经济、适用。很少有直接可以得到以上效果的材料，分层次使用不同材料建造地面可使用夯实的土上铺垫厚的炉渣拌废石灰作为地面垫层，在此基础上铺垫一层聚乙烯薄膜（0.1毫米）作为防潮层，薄膜靠墙的边缘向上卷起，然后再铺以导热性小的加气混凝土、强度好的空心砖。

栏舍要求：根据饲养不同年龄段及用途的牲畜建立不同的栏舍。栏舍长度可根据饲养数量或地理位置条件而定。呈围栏式散放，中建设走道，走到两侧为饲槽和饮水器，牲畜对头站立采食，饲养母畜必须做畜床，饲喂幼畜必须装隔栏。

4. 其他配套设施

家畜运动场地：若要进行自繁自育需要留有充足运动场地，以便基础母畜和公畜自由运动和晒太阳，运动场地可用红砖铺地，四周用钢管围建。

化制井建造：病畜无公害处理符合GB 16548—2006《病害动物和病害动物产品生物安全处理规程》的要求，根据存栏数建立。口径1.5米，深度6~8米，准备2~3个即可。

场地内绿化：留有足够的空间，做好环境绿化建设，场区绿化可以营造良好小气候环境，有利于生产生活，但要注意不能因绿化增加花粉、柳絮等，以防传播病原微生物。

（二）卫生条件

1. 空气及饮用水质

空气要求：养殖场空气要求主要特指畜舍内的空气环境。在自然条件下，畜舍内空气环境与自然界差异较大，畜舍内温度、湿度都比舍外高。当地空气质量需满足NY/T 391—2021《绿色食品产地环境质量》的标准（表2-1）。舍内夏季应该加强通风换气，及时清理粪尿，必要时辅助机械通风，降低舍内温度。冬季应该减少通风次数，防止牲畜体温流失，减少低温对牲畜的刺激，降低产热，防止能量消耗。

表 2-1 养殖场空气质量要求

项目	指标	
	日平均[a]	1小时[b]
日平均总悬浮颗粒（毫克/米³）	≤ 0.30	—
二氧化硫（毫克/米³）	≤ 0.15	≤ 0.50
二氧化氮（毫克/米³）	≤ 0.08	≤ 0.20
氟化物（微克/米³）	≤ 7	≤ 20

注：a. 日平均指任何一日的平均指标。
　　b. 1小时指任何1小时的指标。

饮用水质：NY/T 391—2021《绿色食品　产地环境质量》对牲畜饮用水具体规定了各项指标，从感官性状、一般化学指标、细菌学指标、毒理学指标等方面明确了具体的标准值。养殖场水质检测一旦出现超标现象，要及时消毒和处理，保证水质安全合格后再让动物饮用。通常养殖场对水质进行实验室检测包括两个方面：一是物理与化学指标的检测，至少每年一次；二是微生物指标的检测，每年不少于两次。水质不是固定不变的，需要定期进行检测。

2. **养殖密度**

养殖密度是养殖的重要参数之一，饲养密度直接关乎养殖的成本、利润，饲养动物的健康、福利，以及饲养方法。养殖户应避免为了提高收益而进行高密度养殖，养殖密度过高将会严重损害牲畜健康、降低牲畜产出率，并增大疫病的风险。养殖密度过低又会严重浪费人力物力资源。根据NY/T 473—2016《绿色食品　畜禽卫生防疫准则》规定，养殖密度要求见表2-2。

表2-2　常见牛羊饲养密度

种类		饲养密度
牛	奶牛	4～7米^2/头（拴系式）
		3～5米^2/头（散栏式）
	肉牛	1.2～1.6米^2/头（≤100千克）
		2.3～2.7米^2/头[100～200（含）千克]
		3.8～4.2米^2/头[200～350（含）千克]
		5～5.5米^2/头（>350千克）
	公牛	7～10米^2/头

（续表）

种类		饲养密度
羊	绵羊、山羊	1~1.5 米²/头
	羔羊	0.3~0.5 米²/头

3. 防疫制度

新进场的牲畜必须在隔离圈观察一周，进行消毒防疫，检疫合格后才可以放入养殖舍。饲养人员应随时观察牲畜饮食习惯和健康状况，发现异常应及时报告驻场兽医，立即进行现场检查、诊断、治疗和隔离。发现疑似传染病，尤其人畜共患病（口蹄疫、结核病、布鲁氏菌病等）应立即封锁现场，禁止病畜接触和出入，并第一时间报告动物防疫监督机构。按照国家规定进行免疫接种，按时免疫做好档案处理。兽医与饲养员在处理疫情后，立即将污染的异物、工具等无害化处理。严禁饲养其他动物，做好灭蝇、灭蚊、灭鼠工作。

4. 消毒制度

全场外围设围墙，防止外人或外畜进入，场内外保持清洁，道路、环境每月消毒两次，特殊情况下每周消毒。养殖区入口处设置参观者须知，凡进入者必须严格遵守。所有进出口，配置消毒池，消毒池内的消毒液必须保持有效浓度，每周更换一次，保持一定水深。车辆消毒池与门口等可选用氢氧化钠、氯制剂、季铵盐类等药物配制消毒液进行喷雾消毒，每月更换一次消毒药物。场内配置1~2台高压消毒枪，建立专门更衣室、紫外线消毒间等。清洁道与污道分开搭建。应制定牲畜圈舍、运动场所清洗消毒规程，粪便及废弃物的清理、消毒规程，以及牲畜体外消毒规程，以提高牲畜饲养场所卫生条件水平。

二、牛羊繁育与引进

繁育是提高畜群质量的重要环节，繁育包括育种和繁殖。此外，随着养殖业的发展，优质牛羊引进也越来越频繁。

（一）牛羊的育种

育种工作是提升种群质量、扩大畜群数量及增加牧场经济效益的主要措施之一。育种工作主要包括育种目标、育种方案、育种资料记录、选种和选配。育种方法包括近亲育种、杂交育种。

1. 育种目标

育种目标是育种工作的必要前提，应科学地、尽可能定量地确定明确的育种目标。育种目标应采用遗传学、育种学和经济学方法，从各种生产形状中挑选出一定数量的育种目标性状，并定期对育种目标进行评估，可根据育种方案和生产条件变化、市场需求进行调整。

2. 育种方案

育种方案是畜群育种规划的一个重要环节，是科学地实施畜群遗传改良计划，对于提升畜群良种化水平，满足人民日益增长的美好生活需要具有重要作用。

奶牛育种方案应参照《全国奶牛遗传改良计划（2021—2035年）》实施，至2035年，建成一批高标准、高水平的国家奶牛核心育种场，建立全国奶牛育种大数据和遗传评估平台，育种新技术实现自主突破，高效扩繁效率得到全面提升，群体遗传改良技术体系达到国际先进水平，国家奶牛核心育种场和种公牛站生物安全水平显著提高，奶牛群体平均产奶性能显著提升，培育出2~3家具备国际竞争力的奶牛种业企业。

肉牛育种方案应参照《全国肉牛遗传改良计划（2021—2035年）》实施，到2035年，建成一批高水平国家肉牛核心育种场，优质种源的供给能力显著提升，扩大品种登记和生产性能测定范围，建成世界一流的遗传评估平台，加快遗传选择进展，育肥牛胴体重提高15%~20%，培育肉牛新品种、新品系3~5个，打造现代肉牛育种企业2~3家，肉牛种业国际竞争力显著增强。

肉羊育种方案应参照《全国肉羊遗传改良计划（2015—2035）》实施，到2035年，建设一批高水平的国家羊核心育种场，广泛应用表型精准性能测定、基因组选择等新技术，建成一流水平的羊遗传评估技术平台；现有品种主要生产性能显著提高，培育一批新品种、新品系，主导品种综合生产性能达到国际先进水平；打造具有国际竞争力的种羊企业，建立完善的繁育体系和以企业为主体的商业化育种体系，支撑和引领羊产业高质量发展。

3. 育种资料记录

畜群的育种资料记录应符合NY/T 473—2016《绿色食品　畜禽卫生防疫准则》的畜群繁育记录要求。记录内容包括牛羊编号、系谱、生长性能、外貌鉴定结果、防疫记录及疾病记录等。牛羊的防疫应符合NY/T 473—2016《绿色食品　畜禽卫生防疫准则》的规定，检疫后应填写检疫记录。牛羊调出、出售时，系谱应随牛羊带走。牛羊死亡、淘汰应符合GB 16548—2006《病害动物和病害动物产品生物安全处理规程》的规定，应记录终生产奶量，系谱存档。填写系谱时，字迹应清楚，不应涂改。相关记录保存至少应在清群后3年以上。

4. 选　种

选种是指从畜群中选出最优秀的牛、羊作为种畜，使其在优越的条件下大量繁殖后代，达到提升畜群产奶、产肉性状及健康水平等。选种包括公畜和母畜的选择，其中公畜的选择更为重要。

种畜的选择要求包括生产性能高、体型外貌好、发育优良、繁殖性能好、符合品种标准、种用价值高。优秀种畜的选择通常从个体、系谱、育种值估算和后裔测定四个方面进行选择。个体选择法是根据个体的生长发育、体质、外形及生产性能的实际表现推断其遗传型的优劣。系谱选择是根据个体祖先的表型值进行选种的方法。通常要求父系、母系的生产性能和体型优秀，遗传性状稳定，不携带遗传缺陷有害基因。育种值是个体作为种畜对后代群体所能提供的遗传贡献，是控制一个数量性状的全部基因的加性效应值。应用基因组选择、动物模型及测定日模型等评估方法，对育种目标中各经济性状进行个体育种值估计，并计算综合选择指数进行排序，以确定种畜遗传性能的优劣。后裔测定是根据后代的平均表型值进行选择的方法，是选择优秀种公畜的主要手段。

具体选种可以参考以下技术规程：优秀母牛的选择应符合GB/T 35568—2017《中国荷斯坦牛体型鉴定技术规程》的相关要求，优秀种公牛应符合GB/T 35569—2017《中国荷斯坦牛公牛后裔测定技术规程》的相关要求。优秀种公牛后裔测定应符合GB/T 35569—2017《中国荷斯坦牛公牛后裔测定技术规程》的相关要求。优秀种羊的选择应符合NY/T 1872—2010《种羊遗传评估技术规范》的相关要求。

5. 选 配

选配是在选种的基础上，通过适宜的公、母种畜进行配种，使双亲优良的特性、特征和生产性能结合到后裔身上，优良品质继续扩大，不良性状逐渐消除，可以达到巩固选种的成果。选配原则：①等级选配原则，即以优配优，以优配中，以中配中，以中配差，不可采用"拉平"的办法，具体是指选配的公牛或公羊综合评分等级或育种值要高于母牛或母羊，不允许等级高的母畜与等级低的公畜交配；②有相同缺点或相反缺点者不能相配；③一般情况下，不使用近交；④同质选配，应选择品质表现等方面优秀的公畜、母畜进行选配；⑤异质选配，应选择品质表现具有不同特点的公畜、母畜进行选配。

6. 育种方法

（1）本品种选育。本品种选育又称为纯种选育或纯种繁育，是指在品种内，通过选种、选配、繁殖不断提高畜群质量和生产性能的方法，其目的是获得遗传品质好和生产性能高的纯种。本品种选育的方法主要有近亲育种、品系育种。近亲育种，是指选择具有亲缘关系的个体进行选配，以巩固优良性状，使群体中纯合的基因型比例增加，杂合的基因型比例减少。品系育种，品系是品种内具有共同特点、彼此有亲缘关系的个体所组成的具有生产性能优秀突出，表现整齐一致，遗传性稳定的群体。

（2）杂交育种。杂交育种就是应用杂交方式改良品种或通过杂交育成新品种。杂交所产生的后代成为杂种。不同品种间之间的杂交成为品种间杂交，不同种间的杂交称为中间杂交或远亲杂交。品种间杂交的方法有级进杂交、导入杂交、育成杂交和经济杂交。级进杂交是用优良的培育品种改良低产品种最有效的方法。具体做法是，选择优良品种的种公畜与被改良品种母畜交配，选择优良杂种母畜与优良品种种公畜连续杂交三代、四代及以上，当某代杂交性状表现理想，停止杂交，将含有这种血缘的杂种通过选种选配进行自群繁育，以巩固其遗传性。导入杂交，又称引入杂交或改良性状杂交，当某一品种具有多方面的优良性状，但还存在个别性状不足，依靠本品种选育难以达到目的，可以利用另一品种的优点采用导入杂交的方式纠正其缺点。育成杂交，又称创造性杂交，是通过两个或两个以上的品种进行杂交培育新品种（系）的方法，使后代同时结合几个品种的优良特性，扩大变异范围，显示出多品种的杂交优势。两品种杂交简称简单育成杂交，两个以上品种杂交称为复杂品种杂交。育成杂交分为杂交创新、横交固定和扩群提高3个阶段。经济杂交，是指使用不同品种（系）进行杂交，利用杂种优势，提高经济性能的杂交繁育方法。杂交的目的是生产比原有品种

（系）更能适应当地环境条件和高产的杂种，有效提高经济效益。

（二）牛羊的繁殖

繁殖是家畜生产中数量和质量提高的重要环节。家畜的生殖生理是繁殖的自然规律，也是实现繁殖技术的基础。牛羊的繁殖技术主要包括发情鉴定、人工授精、胚胎移植、妊娠诊断、同期发情等。母畜繁殖前应达到相应的繁殖指标。

例如，母牛的繁殖指标应参照DB11/T 150.2—2019《奶牛饲养管理技术规范 第2部分：繁殖》的相关要求（表2-3）。

表2-3 母牛繁殖指标

繁殖指标	参数
发情鉴定率	≥60%
21天妊娠率	≥18%
性控冷冻精液情期受胎率	青年牛≥50%，成母牛≥30%
常规冷冻精液情期受胎率	青年牛≥65%，成母牛≥40%
青年牛年繁殖率	≥95%
成母牛年繁殖率	≥70%
年总受胎率	≥90%
青年牛初配受胎率	≥75%
产后第一次配种受胎率	≥50%
胎间距	≤410天
初配月龄	13~14个月
成母牛始配天数	≥50天
产后第一次配种的平均天数	70~90天
半年以上未妊娠牛只比率	≤5%
情期配准耗精量	≤2支
年流产率	≤5%

1. 发情鉴定

发情鉴定是判断母畜是否发情的方法。母牛发情时外部表现明显，但发情期短，通常采用外观试情法和直肠检测法来进行鉴定。

外观试情法是通过观察母牛的性欲、性兴奋和外阴部变化或通过试情公牛主动试情来观察其外部发情表现。现代牧场管理中心更多的将外部发情表现与电子设备和计算机技术分析结合确定是否发情。外观试情有以下3种方式。①自然观察方式：每天观察次数不少于3次，主要观察母牛是否接受其他母牛爬跨、黏液量和黏液性状，必要时检查卵泡发育情况。推荐观察发情时间为6时、12时、19时和23时。②尾根标记方式：对参配牛每天在尾根上用涂料做标记，标记长15厘米、宽3～5厘米。发现尾根的颜料呈不规则分布时，观察被毛、外阴等部位。确认发情后，做好发情记录。③辅助发情监测方式：通过电子设备和计算机技术分析奶牛一天中的活动量，从而确定奶牛是否发情。如果发现奶牛活动量突然增加，可能是发情的表现，确认发情后，做好发情记录。

直肠检测法是通过感触卵巢上卵泡的大小、质地来判断其是否发情、何时排卵。

羊繁殖过程中人工辅助交配需要对母羊进行发情鉴定，可通过试情法和牵引公羊等鉴定。母羊7～8月龄性成熟，在立秋后会出现多个发情周期，发情周期平均为17天，发情持续时间平均为40小时。发情母羊频频走动、鸣叫、不安心采食，有强烈摆尾动作，外阴黏膜充血潮红，稍微肿胀。用试情公羊识别发情母羊，应选择体质健壮、性欲旺盛的成年公羊做试情羊。按母羊数的1∶40配备。

2. 人工授精

人工授精是指借助专门器械，用人工方法采取公畜精液，经体外检查、稀释、保存等处理后，输入发情母畜的生殖道内，使其受胎的一种繁殖技术。人工授精包括精液采集、精液品质检测、精液保存解冻、输精等几个主要技术环节。人工授精过程技术要求可参照DB11/T 150.2—2019《奶牛饲养管理技术规范 第2部分：繁殖》相关技术要求。人工授精对种公牛的基本要求是种公牛系谱至少三代清楚，并经后裔测定或基因组遗传评定等方法证明为良种者，体质健壮，生殖器官发育正常。精液质量应按照GB 4143—2008《牛冷冻精液国家标准》规定执行。羊的人工授精技术要求可参照DB15/T 1708—2019《绵羊人工授精技术规程》相关技术要求。

3. 胚胎移植

胚胎移植是指将一头牛（羊）的胚胎移植给另一头牛（羊）或数头生理状态移植的母牛（羊）体内，使之继续发育成新个体，移植的配体可以取自良种母牛（羊），也可以是通过体外受精及其他方式获取的胚胎。胚胎移植技术过程包括供体母牛（羊）的选择，受体母牛（羊）的发情记录，供体、受体母牛（羊）的同期发情处理，供体母牛（羊）的胚胎收集，胚胎质量检测和保存，胚胎移植等。牛的胚胎移植技术要求可参照NY/T 1445—2007《奶牛胚胎移植技术规程》相关规定。

4. 妊娠诊断

妊娠诊断是根据母牛（羊）妊娠期发生的一系列生理变化，采取相应检查方法，判断母畜是否妊娠及妊娠阶段的方法。母牛的妊娠诊断可采用试剂盒法、超声诊断法、直肠检查法、腹壁触诊法等，要求母牛输精后进行2~3次妊娠诊断，分别在配后1~2个月、停奶前进行。母羊的妊娠诊断可采用B超技术、激素测定法等。

5. 同期发情

同期发情是把自然情况下分散发情排卵的一群母牛（羊），经过人为药物处理，控制和改变发情过程，使之在预定的时间内集中发情、排卵，以便有计划地、合理地组织人工授精和胚胎移植工作。常用的方法有孕激素阴道栓塞法和前列腺素注射法。牛的同期发情技术方案可参考DB11/T 150.2—2019《奶牛饲养管理技术规范 第2部分：繁殖》相关技术规定。

（三）牛羊引进

种牛的引进应严格执行《种畜禽管理条例》第7条至第9条，并符合NY/T 473—2016《绿色食品　畜禽卫生防疫准则》的规定。引进牛羊应来自具有种畜生产经营许可证的种畜场，按GB 16549—1996《畜禽产地检疫规范》的要求实施产地检疫，并取得动物检疫合格证明或无特定动物疫病的证明。对新引进的牛羊，应进行隔离饲养观察至少30~45天，经兽医检疫部门检查确定为健康合格后，方可共繁殖使用。不应从疫区引进种牛。做好引种记录。

三、饲料及饲料添加剂

（一）饲料来源

饲料是指能提供动物所需营养素，促进动物生长、生产和健康，且在合理使用下安全、有效的可饲物质。人们常说，饲料是养殖业发展的重要物质基础，只有合理利用饲料资源，科学配比动物饲粮，才能够实现养殖业的平稳、较快发展。由于我国地广物博，饲料种类繁多，为方便了解掌握，可根据其来源不同分为植物性饲料、动物性饲料、矿物质饲料与维生素饲料四大类。

1. 植物性饲料

在生产中，我们通常将植物的根、茎、叶及籽实等用作饲料原料，并根据营养特性（水分、粗纤维、粗蛋白含量）的不同将其分为粗饲料、青绿饲料、青贮饲料、能量饲料、蛋白质饲料几大类，分类依据见表2-4。其中，青贮饲料是以新鲜的天然植物性饲料为原料，在厌氧条件下，通过以乳酸菌为主的微生物发酵后调制成的饲料。此外，植物性饲料中含有生物碱、有机酸、亚硝酸盐等有毒化学成分，以及部分抗营养因子，所以在制定配方时，通常应优先考虑如何降低甚至去除这类有毒有害物质的影响。在NY/T 471—2018《绿色食品 饲料及饲料添加剂使用准则》中已明确，植物性饲料原料应是已通过认定的绿色食品及其副产品，或来源于绿色食品原料标准化生产基地得到产品及其副产品，或按照绿色食品生产方式生产并经绿色食品工作机构认定基地生产的产品及其副产品。

表2-4 饲料分类依据

类别	天然水分含量	干物质中粗纤维含量	干物质中粗蛋白含量
粗饲料	<60%	≥18%	
青绿饲料	>60%		
青贮饲料	65%~75% 或 45%~55% 的半干青贮		
能量饲料	<45%	<18%	<20%
蛋白质饲料	<45%	<18%	≥20%

2.动物性饲料

我国蛋白质饲料资源较为匮乏，利用廉价的食品加工副产品或动物内脏等下脚料，将其制成动物性饲料成为替代资源短缺的植物性蛋白质饲料的有效途径。动物性饲料内的蛋白质、矿物质及B族维生素含量较高，不含有粗纤维，营养价值能够满足动物生长过程所需，且经济效益较高，因此，其在动物生产中得到了广泛的应用。2004年农业部发布的动物源性饲料产品目录中将其分为八大类，主要包括肉粉、骨粉、鱼粉、血粉、羽毛粉、乳清粉、蚕蛹及动物油渣。但是，由于其来源复杂、加工方式繁多、品质良莠不齐，且可能会携带一定的致病菌，在利用过程中存在一定的安全隐患。因此，为规避"疯牛病"等传染性疾病的发生，我国严令禁止使用动物源性饲料产品（不包括乳及乳制品）饲喂反刍动物。NY/T 471—2018《绿色食品　饲料及饲料添加剂使用准则》中已明确，动物源性饲料原料只应使用乳及乳制品、鱼粉，其他动物源性饲料不应使用。

3. 矿物质饲料

由于绝大多数的天然饲料原料中矿物质的含量并不均衡，与动物自身所需不相匹配，因此，还必须根据动物自身需求添加矿物质饲料，以达到营养均衡的效果。矿物质饲料主要指可供饲用的天然的、化学合成的或经特殊加工的无机饲料原料或矿物元素的有机络合物原料。生产中常见的矿物质饲料包括石灰石粉、白云石粉、大理石粉等天然矿物质，以及硫酸铜、硫酸亚铁、硫酸镁、磷酸氢钙、亚硒酸钠、碘酸钾等化工合成的无机化合物；来源于动物性饲料的骨粉、贝壳粉也属于此类，但在反刍动物饲粮中严禁添加。在实际生产中，制定牛羊饲粮配方时，矿物质饲料添加量通常会控制在较小的范围内，因为过量使用可能会引起动物中毒。

4. 维生素饲料

维生素是维持动物生理机能所必不可少的一类有机化合物，一般按其溶解性能分为脂溶性维生素和水溶性维生素。目前，常用的维生素饲料大部分为预混合饲料，是由工业合成或提纯的单一或复合维生素制品，其生物效价因生产工艺、储存时间等不同而有差异，使用时要适当判定。其中，脂溶性维生素是指不溶于水而易溶于脂肪及脂溶性溶剂（如乙醚、氯仿等）的维生素，包括维生素A、维生素D、维生素E、维生素K，一般较不稳定，储存要求较高。水溶性维生素主要有B族维生素及维生素C，外观一般为白色、黄色或淡黄色结晶粉末（胆碱除外），当以单体存在时，除维生素C外，性质都较为稳定，而以复合体存在或与微量元素混合时，性质不稳定，易被破坏。

（二）粗饲料

粗饲料是指含水量在60%以下，干物质中粗纤维含量不低于18%，主要饲喂形式为风干物质的饲料原料。其主要特点是资源丰富、种类繁多、价格低廉、体积较大、饱腹感强，但适口性差、营养含量低、消化率低、粗蛋白含量差异较大，是草食家畜的主要饲料来源。主要包括干草类、农副产品类（秸秆类、秕壳类等），以及干物质中粗纤维含量在18%或以上的树叶与其他饲用粗饲料。由于粗饲料内含有大量的纤维素、半纤维素、木质素，能够促进反刍动物反刍行为的发生及唾液的分泌，有着维持瘤胃pH值稳定、提高乳脂率、保障反刍动物健康的作用。

1. 干草类

干草包括人工栽培或野生牧草，在抽穗期或花期刈割后脱水或烘干制成的饲料，水分含量在15%以下，此外，水分含量为15%～25%的干草压块也属于此类。经由特殊处理后，虽然饲草会损失20%～40%的营养物质，但水分的减少会降低牧草细胞呼吸作用的损耗，使其内所含的酶与微生物活性受到抑制，从而较大程度地延长其储存时效，便于在枯草期饲喂家畜，为其提供营养物质。此类饲料主要分为豆科干草和禾本科干草两大类，共同特点为粗纤维、维生素D和钙含量较高，含磷量较低；但豆科干草，尤以苜蓿干草为主，粗蛋白及钙含量远高于禾本科干草（表2-5）。此类饲料饲用价值较高，以羊草、大麦干草、苜蓿干草最为常用，但在饲喂前要做好品质检测。

表2-5 主要干草营养成分

营养成分	干草（%，风干基础）		
	羊草	大麦干草	苜蓿干草
干物质（DM）	91	90	88
粗灰分（Ash）	8	8	8
粗蛋白（CP）	7	9	13
粗脂肪（EE）	2.0	2.1	1.3
粗纤维（CF）	34	28	38
钙（Ca）	0.40	0.30	1.18
磷（P）	0.15	0.28	0.19

数据来源：中国饲料成分及营养价值表，2019。

2. 农副产品类

常见的藤、蔓、秸、秧、荚、壳等干物质中粗纤维含量不低于18%者属于农副产品类粗饲料，以秸秆类和秕壳类最为常见。秸秆类主要有稻草秸、玉米秸、小麦秸、葵花秸、大豆秸，粗纤维含量约占其干物质的31%～49%；但其粗蛋白含量很低，多在4%以下；同干草类粗饲料相似，秸秆类同样含钙高而含磷低；不过，秸秆饲料十分缺乏B族维生素（表2-6）。秕壳类主要是指各种植物的籽实壳，其中含有不成熟的籽实，有稻壳、谷壳、花生壳等，其特性与秸秆类类似，但饲喂量需要严格控制。农副产品类粗饲料适口性较差，营养价值不高，但贵在易获取、耗资低，且经过浸泡等程序加工后可作为反刍动物冬季饲粮使用。

表 2-6 主要秸秆营养成分

营养成分	秸秆（%，风干基础）		
	稻草秸	玉米秸	小麦秸
干物质（DM）	93.5	91.9	93.7
粗灰分（Ash）	13.7	8.49	8.93
粗蛋白（CP）	4.56	8.00	3.94
粗脂肪（EE）	1.72	1.61	0.94
中性洗涤纤维	68.4	63.5	78.9
酸性洗涤纤维	42.3	34.2	48.4
钙（Ca）	0.50	0.68	0.34
磷（P）	0.12	0.17	0.07

数据来源：肉羊常用饲料营养价值数据库，刁其玉。

3. 树叶及其他饲用粗饲料

大多数树叶可用作动物饲料，其中风干后的乔木、灌木、亚灌木的树叶，干物质中粗纤维含量不低于18%，可作粗饲料使用，主要有槐叶、银合欢叶、松针叶等。此外，玉米芯中粗纤维含量约为36%，糖分含量超过50%，一般情况下也可直接粉碎浸泡后用作粗饲料使用。向日葵盘粗纤维含量在20%左右，粗蛋白含量可达5%以上，且钙含量高、适口性好，在生产中也是十分优质的粗饲料来源之一。

（三）精饲料

精饲料是营养成分丰富、粗纤维含量低、消化率高的一类饲料，包括能量饲料和蛋白质饲料。

1. 能量饲料

干物质中粗蛋白含量低于20%，粗纤维含量低于18%，干物质含消化能在10.5兆焦/千克以上的饲料原料统称为能量饲料，分为谷实类饲料及糠麸类饲料两大类。

（1）谷实类饲料。该类饲料无氮浸出物含量高，一般占干物质的70%~80%，其中最具营养价值的养分为淀粉；蛋白质含量较低，一般在10%左右；必需氨基酸含量不足，需与蛋白质饲料配合使用；矿物元素含量不均衡，含磷高而含钙低，且有一部分磷属于肌醇六磷酸盐，不仅利用率低，还会干扰其他矿物元素吸收；B族维生素、维生素E含量丰富，而维生素A、维生素D十分匮乏。常见的此类饲料有玉米、高粱、燕麦、大麦、小麦、黑荞麦、稻谷等，以下简要介绍其中3种最为常用的饲料。

玉米（图2-1）：被誉为"能量之王"，其籽实脂肪含量较高，一般为3.1%~3.6%，高油品种甚至可达8%以上，主要存在于玉米胚芽中；淀粉含量可达59%~65.4%，主要存在于胚乳中；粗纤维含量低，总能消化率很高。蛋白质、必需氨基酸、矿物元素含量并不能够满足家畜所需，需与饼粕、矿物元素添加剂配合使用。此外，玉米贮存过程中，如若破碎，极易吸水、结块、霉变，并发生脂肪酸氧化及酸败，所以一定要注意储存完整的玉米粒，并选择干燥通风、温度变化不大处保存。

图2-1 玉 米

图2-2 高 粱

高粱（图2-2）：含有约70%的碳水化合物及3%~4%的脂肪，但其总能消化率低于玉米。虽然高粱中的蛋白质含量略高于玉米，但其品质与玉米蛋白质相似，缺乏必需氨基酸，甚至不如玉米蛋白质好消化。此外，高粱中含有单宁（0.2%~0.5%）等抗营养因子，影响蛋白质、氨基酸及能量利用率，且适口性较差。所以，在饲喂奶牛时，一般选择粉碎后饲喂。

燕麦（图2-3）：含有丰富的品质优于玉米的蛋白质（可达10%以上）及4.5%以上的粗脂肪，且其壳重占谷粒总重的25%~35%，粗纤维含量超过10%，致使其可消化养分占比低于其他麦类，是饲喂反刍动物的优质饲料。

图2-3 燕 麦

（2）糠麸类饲料包括碾米、制粉加工的主要副产品。与原粮相比，除无氮浸出物含量较少外，其他养分含量都很高，但由于其粗纤维含量较高，故而消化率低于原粮。常见的此类饲料有米糠、小麦麸、喷浆玉米皮、次粉、面粉、米糠粕、糖蜜、油脂和乳清粉等，以下简要介绍其中两种最为常用的饲料。

米糠（图2-4）：是能值最高的糠麸类饲料，蛋白质含量高于玉米，脂肪含量高达16.5%，多为不饱和脂肪酸，且粗纤维含量不高，有效能值较高。但米糠含有胰蛋白酶抑制因子，大量饲喂未经失活处理的米糠可能会引起蛋白质消化障碍；且高含量植酸磷的存在可能会影响矿物元素及某些养分利用率，进而抑制牛羊生长。由

图2-4 米 糠

于新鲜米糠适口性较好，且贮存过程中，大量不饱和脂肪酸的存在易引起氧化酸败，诱发霉变，所以饲用时一定要选取新鲜的米糠。

小麦麸（图2-5）：属于蛋白质、粗纤维含量高的低档能量饲料。营养价值与米糠近似，但粗脂肪含量较低，相对不易酸败；粗

纤维含量较高，有效能值较低。此外，维生素、矿物元素含量丰富，但缺钙，且植酸磷占比高不易消化。小麦麸是适用于所有家畜的良好饲料，饲喂反刍动物时可大量使用，对于泌乳期和临产前的家畜更是有着较好的保健效果。

图2-5 小麦麸

2. 蛋白质饲料

干物质中粗蛋白含量等于或高于20%，粗纤维含量低于18%的饲料原料统称为蛋白质饲料，植物性蛋白质饲料可分为3类：豆类籽实、油料饼粕和其他制造业的副产品。

（1）豆类籽实。主要包含大豆、豌豆、蚕豆等，粗蛋白质含量分别为35%、24%及22%~27%。大豆除含有大量蛋白质外，还含有17%粗脂肪，有效能值很高，也可做高能饲料使用，但生大豆的蛋白质及氨基酸的利用率低，因此在使用时应采用蒸汽加热的方法来提高其利用效果。豌豆、蚕豆粗纤维含量在7%~9%，但各种矿物元素含量不足，氨基酸含量也无法满足牛羊营养需要，且豌豆和大豆中含有胰蛋白酶抑制因子、胀气因子等抗营养物质，不宜生喂。

（2）油料饼粕（图2-6）。主要含有豆饼（粕）、棉籽饼（粕）、菜籽饼（粕）、花生饼（粕）及葵花饼（粕）等，粗蛋白含量在32%~45%，是动物饲养中最为常用的蛋白质饲料。各类饼粕是各种作物榨油后的副产品，无氮浸出物含量约占干物质的1/3，氨基酸组成一般较为均衡，适口性好，饲喂价值高。矿物质含量仍呈现钙少磷多的状态，B族维生素含量丰富，但一般具有抗营养因子，宜多种类、低比例搭配使用。

豆 粕　　　　　　　　棉籽粕

菜籽粕　　　　　　　　葵花粕

图2-6　油料饼粕

（3）其他制造业的副产品。主要是指一些谷类加工副产品、糟渣等，都是在大量提取籽实中的碳水化合物后残余的水分残渣物质，粗纤维、粗蛋白及粗脂肪的含量均高于原料籽实，其中粗蛋白含量约占干物质的22%～43%，玉米蛋白粉和DDGS是主要代表性饲料。

玉米蛋白粉（图2-7）：是玉米除去淀粉、胚芽及玉米外皮后剩下的产品，蛋氨酸、精氨酸含量很高，但赖氨酸含量严重不足，且矿物元素和维生素的组成较差、含量较低，因此使用时一定要配合其他饲料使用，并将其添加量控制

图2-7　玉米蛋白粉

在5%以下。用作反刍动物饲粮时，因其容量较大，最好配合一些松散性原料使用。

图2-8 DDGS

DDGS（图2-8）：是将DDG和DDS直接混合干燥、挤压成颗粒后，制成的干酒糟。DDG是将谷物酒精蒸馏废液做简单过滤，滤渣干燥获得的饲料；如果将滤清液干燥浓缩，获得的饲料称为DDS。DDGS中粗蛋白含量为27.5%，粗纤维含量为8.5%，但维生素A、维生素D含量极少，矿物元素仍呈现钙少磷多的状态。一般将其作为反刍动物饲料普遍使用，其粗脂肪含量高，对于泌乳牛、育肥牛都有极好的饲喂效果。

（四）饲料添加剂

为满足特殊需要而在饲料加工、制作、使用过程中添加的少量或者微量物质称为饲料添加剂，分为营养性饲料添加剂和非营养性饲料添加剂。

1. 营养性饲料添加剂

用于补充饲料营养成分的少量或者微量物质称为营养性添加剂，包括由工业生产的氨基酸、矿物元素、维生素等构成的添加剂。

（1）氨基酸添加剂。在8种必需氨基酸中，可供饲料添加剂的商品化产品有6～7种，但有些新产品由于成本很高，现今还仅限于实验研究使用。目前，用作饲料添加剂的主要有赖氨酸（L-赖氨酸盐酸盐）、蛋氨酸（L-蛋氨酸、DL-蛋氨酸、蛋氨酸羟基类似物等）、色氨酸（L-色氨酸、DL-色氨酸）及苏氨酸（L-苏氨酸）。

（2）矿物元素、维生素添加剂。主要包含有各类化学合成的无机产品，具体可见《中国饲料成分及营养价值表》。

2. 非营养性饲料添加剂

为保证或改善饲料品质、促进饲养动物生产、保障动物健康、提高饲料利用率而加入饲料中的少量或微量物质称为非营养性添加剂，分为药物、保藏剂及其他饲料添加剂3类，但绿色食品不应使用药物饲料添加剂，故此处不予赘述。

（1）保藏剂。分为抗氧化剂（保护易氧化成分）和防霉防腐剂。生产中常用的抗氧化剂主要有乙氧基喹啉（EMQ）、二丁基羟基甲苯（BHT）和丁基羟基茴香醚（BHA），用于保护油脂、苜蓿、黄油、维生素A等。在多雨地区或青贮制备时，通常会加入适量的防霉防腐剂，以抑制杂菌繁殖。常见的防霉防腐剂有丙酸及其盐、山梨酸和山梨酸钾（价格昂贵，使用率不高）。

（2）其他饲料添加剂。①黏合剂：用于颗粒饲料和饵料的制作过程中，目的是减少粉尘损失，提高颗粒料的牢固程度，减少制粒过程中压膜受损，常见的有膨润土、丙二醇等。②抗结块剂：饲料原料由于受潮吸水，极易发生结块，不易搅拌均匀，添加抗结块剂有助于使饲料原料均匀进入搅拌机，保证配合饲料质量，主要有硅藻土、二氧化硅等。

（五）饲粮配比

1. 肉牛饲粮配方推荐

（1）犊牛。初乳和全奶是犊牛的天然饲料，但用全奶饲喂肉用犊牛不经济，必须尽可能用脱脂奶、人工奶或乳料哺育犊牛。用脱脂乳多从犊牛生后2~3周开始，逐渐增加脱脂乳，相应减少全乳。然后用代乳料，过渡到以植物性饲料（谷物）为主，配合其他饲料，可以制成粉状或颗粒状，犊牛吃1周初乳后，于第二周喂给，任其自由采食。在低乳量培育条件下，1月龄犊牛每天可饲喂代乳料1千克左右，总计用20~30千克即可过渡到配合饲料。

通常代乳料配合比为豆饼27%、玉米40%、大麦20%、麦麸10%、维生素与矿物质添加剂3%。饲喂犊牛的粗饲料应以优质草或干草为主,混合精料主要是豆饼、玉米、矿物质。犊牛出生后,在满足各类营养需要的条件下,12月龄以前的生长速度最快,以后逐渐变慢,根据此特点,在肉牛生长速度最快的时期,给予丰富的饲料,便能充分发挥其增重效果。一般情况下,达到体成熟的1/3~1/2时期屠宰比较经济。

生产中,因生长发育过程中某阶段饲料不足,使肉牛生长速度下降,一旦恢复高营养水平,则生长速度比未受到限制饲养时要快,即补偿生长。此时牛采食量和饲料转化率显著增加。

(2)育肥牛。肉牛育肥一般分为青年牛育肥、架子牛育肥和高档肉牛育肥。育肥时间:青年牛6~8个月;架子牛2~3个月,最长不超过4个月;优质高档肉牛育肥8~10个月。

青年牛和架子牛育肥期可采取以下饲粮配方。①参考配方一:玉米70%~75%,豆饼、棉籽饼、花生饼等15%~20%,预混料4%~5%,小苏打0.5%~1.0%,每100千克体重饲喂混合精料0.8~1.2千克;粗料以当地产量丰富的糟渣和秸秆为主,如酒糟、青贮玉米秸、氨化麦秸。②参考配方二(当肉牛体重为200千克左右时采用此配方):玉米面66%,麸皮8%,豆饼5%,棉籽饼15%,小苏打1%,预混料4%~5%,喂量占体重的0.8%~1.0%;粗料以白酒糟为主,喂量3~5千克,辅以青贮玉米秸、氨化麦秸等。③参考配方三(当肉牛体重达到400千克以上时采用此配方):玉米面70.5%,棉籽饼24%,预混料4%~5%,小苏打0.5~1.0%,喂量占体重0.8%~1.0%;粗饲料以白酒糟为主,喂量在8~10千克,辅以青贮玉米秸、氨化麦秸等。

优质高档肉牛育肥期在增重期和肉质改善期可分别采用以下配方。①增重期:玉米面72%,豆饼8%,棉籽饼16%,预混料4%~5%，每70~80千克体重喂1千克混合精料，约占日粮的60%~70%；粗料以青贮玉米秸或氨化麦秸、玉米秸为主，约占日粮的30%~40%。②肉质改善期：玉米面83%，豆饼12%，油脂1%，预混料4%~5%，小苏打0.5%，每60~70千克体重喂1千克混合精料，约占日粮的70%~80%；粗饲料与增重期相同，约占日粮的20%~30%。

2. 奶牛饲粮配方推荐

（1）犊牛。刚出生的犊牛一定要用洁净软布擦净鼻腔、口腔及周围黏液，可让母牛舔舐3~10分钟。及时称重、照相、建档。出生后0.5~1小时饲喂2千克左右的初乳，6~9小时后喂第二次，喂初乳5~7天。初乳的温度保持39℃左右。1周龄后犊牛喂常乳，喂量占体重的8%~10%。10日龄，补饲精饲料和优质干草，以颗粒料最佳。6周龄、7周龄、8周龄每日喂奶量推荐分别为5千克、4千克和3千克。当每头每日精饲料喂量连续3天超过1千克，犊牛生长到40~60日龄时，可实施断奶。断奶日粮以精粗搭配为主，其中玉米0.9千克，豆粕0.56千克，麸子0.30千克，食盐0.03千克，预混料0.08千克。干物质采食量为体重的1%~2%，可以达到4.5千克，此时，粗饲料自由采食，精饲料每日喂量1.0~2.0千克，不宜饲喂青贮等发酵饲料。按月龄体重分群散放饲养，在春季、秋季和冬季中午，最好在牛舍外饲养，保证充分的日照，以促进维生素D的产生；保证充足优质的饮水，冬季饮温水。

（2）育成牛。日粮以粗饲料为主，精粗搭配，精粗比为3∶7，其中玉米1.6千克，豆粕0.30千克，麸子0.30千克，食盐0.03千克，预混料0.09千克。粗饲料自由采食，干物质采食量达到7.8千克，蛋白质水平13%~14%，精料每天喂量2.0~2.5千克。粗饲料最好选用中等质量的干草，培养其耐粗饲性能，增进瘤胃机能。采取散放饲养、自由采食。

（3）围产期奶牛。产前10天开始增加混合精料喂量，达到体重的1%，每日一般为4~6千克，精粗比为2∶3，其中玉米2.30千克，豆粕0.50千克，麸子0.50千克，食盐0.50千克，预混料0.16千克。同时，降低钙的喂量到干乳期的1/2，去掉混合精料中的石粉，使日粮钙、磷含量分别为0.4%、0.4%。产后3天内保持精料喂量不变，并立即恢复钙的喂量至干乳期水平，使日粮钙、磷含量分别恢复到0.76%、0.45%。产后4天开始，视奶牛乳房水肿消退情况，逐渐增加精料喂量，每天递增0.5千克，至产后10天达到体重的1%，产后15天达到体重的1.5%，同时，逐渐增加青贮饲料喂量。产后16~100天，精粗比由2∶3逐步改为3∶2，其中玉米3.50千克，豆粕1.90千克，麸子1.00千克，食盐0.10千克，预混料0.21千克。干物质采食量由占体重的2.5%~3.0%逐渐增加到3.5%以上，粗蛋白水平16%~18%，奶牛能量单位为2.2，钙0.7%，磷0.45%。奶料比为2.5∶1。提供优质干草，保证高产奶牛每天3千克羊草、2千克苜蓿草的饲喂量，预防真胃变位。在精饲料中加强维生素和微量元素的补充，尤其是补充维生素A、维生素E和微量元素硒、锌，预防奶牛营养代谢性疾病。有条件的牛场和奶农最好采用全混合日粮（TMR）饲养，如果没有TMR搅拌车，可以利用人工TMR。对于较高精料饲喂水平，可以在精饲料中添加瘤胃缓冲剂，如小苏打和氧化镁。对掉膘严重的奶牛补喂过瘤胃脂肪。延长饲喂时间，提高干物质采食量，降低奶牛产后掉膘，搞好产后发情鉴定，及时配种。产后101~200天，此时产奶量下降，精粗比变为2∶3，其中玉米4.70千克，豆粕2.50千克，麸子1.70千克，食盐0.13千克，预混料0.38千克。干物质采食量为体重的3.0%~3.2%，粗蛋白14%，奶牛能量单位为2.1，钙0.45%，磷0.35%，精粗比逐渐转为2∶3，粗纤维不少于17%。适当降低日粮能量、蛋白质含量，增加青粗饲料。奶料比一般为2.7∶1，如果产奶量下降不大，不要急于减少精饲料喂量,在生产上可以采取半个月调整一次精饲料喂量,过繁调整,会造成奶牛的应激,造成产奶量的波动。产后201天至停奶,精粗比改为3∶7,其中玉米6.00千克,豆粕2.50千克,麸子2.00千克,食盐0.15千克,预混料0.49千克。干物质采食量占体重的2.5%~3.0%,奶牛能量单位为2.0,粗蛋白13%,钙0.45,磷0.35%,增喂粗饲料,减少精饲料喂量,精粗比例转为3∶7,奶料比为3∶1,粗纤维含量不少于20%。

3. 肉羊饲粮配方推荐

(1)羔羊阶段。为了增加羔羊的身体素质,应当喂养羔羊羊初乳,以增加羔羊体内的免疫物质。羔羊在初生时体内往往含有胎便,喂养羊初乳有助于胎便的排除。在羔羊出生1个月后,就应当逐步减少羔羊完全依赖母乳的喂养方式,以熟草籽为诱食基础原料,帮助羔羊缓慢断奶。由于初生的羔羊瘤胃并未生长完全。因此在羔羊出生10天后,瘤胃基本发育完成后,才可以逐步添加辅食草籽等,以锻炼瘤胃的消化能力,帮助羔羊从粗纤维中吸取营养。在断奶过程中,应当增加饲料的种类,帮助羔羊能够全面获取营养。羔羊育肥的饲料配方为玉米62%、麸皮12%、豆粕8%、棉籽粕12%、石粉1.8%、碳酸氢钙1.2%、尿素1%、食盐1%、预混料1%,该配方蛋白质含量为18%,消化能为12.94兆焦/千克。

(2)育成羊阶段。育成羊过程是肉羊生长发育的重要阶段。在此阶段中,饲养者应当选择优质的草料进行少量多次的喂养,应当在草料中增加适量精料。在草料质量或数量不能达到要求时,可以采取在草料中加入维生素A等营养元素,以帮助肉羊长成。在添加草料时,应当对其中的营养元素组成进行严格的测算。在更换草料时,应当有一个过渡期,使肉羊能够尽快适应,避免消化吸收出现问题。强度育肥前期20天的精料配方为玉米46%、麸皮20%、棉籽粕或菜籽粕30%、石粉1%、碳酸氢钙1%、食盐1%、预混料1%，该配方蛋白质含量为18.5%，消化能为12.78兆焦/千克。育肥中期20天的精料配方为玉米55%、麸皮16%、棉籽粕或菜籽粕25%、石粉1%、碳酸氢钙1%、食盐1%、预混料1%，该配方蛋白质含量为16.8%，消化能为13.00兆焦/千克。育肥后期20天的饲料配方为玉米66%、麸皮10%、棉籽粕或菜籽粕20%、石粉1%、碳酸氢钙1%、食盐1%、预混料1%，该配方蛋白质含量为15%，消化能为13.20兆焦/千克。

四、粗饲料加工

粗饲料一般是指在干物质中粗纤维含量超过18%，在未经过处理时天然水分含量在60%以下，营养价值较低的植物性饲料，包括秸秆类饲料、干草类饲料、秕壳类饲料（如砻糠、麦糠等）、青贮和黄贮类饲料，以及非常规粗饲料。粗饲料来源广泛、体积较大、粗纤维含量较多，动物难以直接消化利用，因此粗饲料要经过合适的加工处理，才可明显提高其营养价值。

一般来说，对粗饲料的加工调制的主要途径有微生物处理法、物理处理法和化学处理法3种。

（一）微生物处理法

微生物处理法是指利用乳酸菌及其他有益微生物，合适的条件下利用其分解或合成某些营养素的能力，分解粗饲料中难以被动物吸收和利用的大分子物质，如多聚糖、纤维素和木质素等，合成易被动物吸收的小分子物质，增加菌体蛋白、维生素等营养物质。软化粗饲料，提高适口性，增加粗饲料的营养价值，提高动物对粗饲料的利用效率。

1. 青　贮

在使用微生物对粗饲料进行处理时，青贮饲料是比较具有代表性的。青贮饲料通过利用乳酸菌的发酵作用将青贮原料中含有的可溶性糖类变成乳酸，同时酸性环境抑制了其他腐败菌的生长，使得青贮饲料在密封厌氧的环境下能够长时间保存。

青贮饲料相对于其他微生物处理法（粗饲料发酵法、粗饲料人工瘤胃发酵法）来说，具有历史悠久、技术成熟、操作简单、投入少、饲料营养价值高等特点。青贮饲料包括普通青贮（窖贮）和特种青贮（半干青贮、添加剂青贮、裹包青贮）。

（1）制作方法。常规青贮饲料的制作并不需要高深的技术含量，但时效性比较强。饲料青贮是一项突击性的工作，要求在尽可能短的时间内完成。①刈割：掌握合适的青贮原料收割时间是制作优质青贮饲料的基础，合适的刈割时期不但能使青贮原料所含的营养物质含量最高，而且水分和含糖量也处于合适的范围，有利于乳酸菌的发酵。一般来说，全株玉米青贮应当在玉米的蜡熟期进行刈割，豆科牧草一般在现蕾期或者开花初期进行刈割，禾本科牧草在孕穗期或抽穗期刈割。②切短：收割后应当快速转运至青贮地点进行切短，在切短的过程中切至2~3厘米，若是幼苗类青贮可适当放宽至3~4厘米。③装填压实：在装填青贮窖之前需要确保青贮窖干净无杂物，可在窖底适当放置干草等吸水性较好的材料，以便吸收发酵过后的青贮汁。装填青贮时，应逐层装入，层层压实，每层厚度以15~20厘米为宜，要确保装填紧实，以防腐败菌滋生导致青贮失败。④密封：装填完毕后需要严密封窖，防止漏水漏气，若密封不严致使空气或者水分进入窖中，则会引起有害微生物滋生，使得漏水漏气的地方发霉变质。

（2）评价方法。①感官评价：优质青贮颜色呈黄绿色，无黑褐色，无明显霉斑；气味为醇香酸味，无刺激腐臭味；茎叶结构清晰，质地疏松，无黏性不结块、无干硬。②发酵干物质含量要求：全株玉米青贮饲料干物质含量不低于30%。③破碎率：全株玉米青贮饲料籽粒破碎率达到90%以上。④质量分级：全株玉米青贮饲料质量分级应符合表2-7的规定。

表2-7 全株玉米青贮饲料的营养化学指标及质量分级

项目	各等级指标			
	一级	二级	三级	四级
pH值	≤4.2	4.2~4.4（含）	4.4~4.6（含）	4.6~4.8（含）
氨态氮/总氮	≤10%	10%~20%（含）	20%~25%（含）	25%~30%（含）
乙酸	≤15%	15%~20%（含）	20%~30%（含）	30%~40%（含）
丁酸	0	≤5%	5%~10%（含）	>10%
中性洗涤纤维	≤48%	48%~53%（含）	53%~58%（含）	58%~63%（含）
酸性洗涤纤维	≤27%	27%~30%（含）	30%~33%（含）	33%~36%（含）
淀粉	≥28%	23%（含）~28%	18%（含）~23%	13%（含）~18%

注：乙酸、丁酸以占总酸的质量比表示；中性洗涤纤维、酸性洗涤纤维、淀粉以占干物质的质量表示。

（3）影响青贮饲料品质的因素。刈割时期和留茬高度对青贮品质影响较大的两个因素，刈割时期过早或过晚都会影响青贮原料的营养含量和水分以及含糖量的多少，从而直接影响到发酵的过程，进而影响青贮的质量。而从留茬高度来说，如果留茬过低，会增加青贮木质素含量，且青贮玉米根部的泥土容易带入青贮中，致使有害微生物进入至青贮窖破坏青贮的发酵过程，同时可能增加青贮中的硝酸盐含量，引起畜产品（如原奶）硝酸盐超标不合格。对于青贮原料本身来说，自身的品种特性（包括可溶性糖、蛋白质、水分、纤维素的含量，以及缓冲能力等）也会影响到青贮饲料最终的品质。

（4）青贮饲料的优点。①青贮饲料发酵后能够长期保存青绿饲料的营养特性，青贮饲料一般情况下都为密封保存，不受天气的影响不会被风干或者雨淋，相对于露天保存的粗饲料，青贮饲料能够大幅减少不必要的风干或霉变。②青贮饲料单位贮量大，占空间小；火灾隐患小。③青贮饲料可以调剂青绿饲料的分配不均衡，我国幅员辽阔，西北、东北、华北地区四季温差大，无法保证全年的青绿饲料供应，青贮饲料恰好解决了这个问题。④青贮饲料发酵后产生的有机酸、蛋白质等营养物质被动物易吸收，适口性好，动物喜食，减少消化系统和寄生虫病的发生，提高了对粗饲料的利用率，扩大了饲料资源。

2. 特种青贮与黄贮（微贮）

青贮原料由于自身特性所限制，所以制作成青贮饲料的难易程度有很大差异，为了更好地利用饲料资源，就需要对使用普通方法难以进行青贮的原料进行适当处理，以达到成功青贮的目的。

（1）特种青贮一般分为低水分青贮（半干青贮）、添加剂青贮、裹包青贮。①低水分青贮由于水分含量少，容易导致腐败的微生物生长繁殖受到限制，不易使半干青贮变质，达到保存青贮饲料的目的。②添加剂青贮一般是指通过添加有机酸或无机酸、酶制剂等方式使青贮原料的pH值快速下降到4.2以下，抑制有害微生物的活动，为乳酸菌繁殖创造条件，以达到长久保存的目的。③裹包青贮是指将青贮原料刈割后借助机械进行高密度的打捆，在通过打包机将草捆用塑料膜包被起来，由于草捆不大，裹包青贮可以做到随取随用。

（2）黄贮饲料与青贮饲料调制过程类似，区别在于青贮饲料的原料是新鲜的青饲料而黄贮饲料则是以干秸秆或其他干草作原料，黄贮（微贮）通过在农作物秸秆中加入微生物活性菌种，放入特定的容器中或在地面进行发酵，经过一定的发酵过程后而形成的饲料叫作黄贮（微贮）。黄贮之于青贮的优势在于成本低、效益高、饲料来源广、制作季节长、保存期长、制作简便。

3. 其他微生物处理法

（1）粗饲料发酵法。粗饲料发酵法也同青贮调制类似，将饲料原料切成小段或粉碎，按照比例添加水和发酵菌搅拌均匀放入缸中，水温50℃为最佳，干湿程度以手握紧饲料，有水珠但不流出为最佳。当温度上升至35~45℃时翻动一次，堆积装缸，压实1~3天即可饲喂。

（2）粗饲料人工瘤胃发酵法。人工瘤胃发酵法是模拟牛羊瘤胃内的主要生理条件，温度控制在38~40℃，pH值控制在6~8，厌氧环境保证必要的碳氮以及矿物质元素，使粗饲料表现出牛羊瘤胃内容物的特点，增加粗饲料营养价值。

（二）物理处理法

物理处理法是指通过物理手段处理粗饲料，主要有晾晒（干燥）、机械加工和热加工几种形式。

1. 晾晒（干燥）

晾晒或干燥是一般干草的主要调制方式，干草指牧草或饲料作物经自然或人工干燥调制成能长期保存的饲草，由于是用青绿植物调制而成，仍保持一定的青绿颜色，故又称之为青干草。

青干草一般选用牧草及禾谷类植物制成，在其未成熟之前进行刈割，刈割后可根据牧草刈割时期、各地气候特点、植物特性等来选择青草干燥方式，可直接平铺或堆置于田间进行自然晾晒或使用草架自下而上逐渐堆放，也可使用化学干燥制剂加速青草干燥过程，有条件的地区可利用人工热源干燥青草。人工热源温度高，干燥速度快，对青草营养的破坏小，制成的干草质量好。

优质青干草中，枯草、树叶、灰尘泥沙等杂质含量低，叶片脱落少或不脱落，气味香醇，色泽青绿，质地柔软。在干燥过程，青草内的一部分营养物质发生复杂转化（如麦角固醇转化为维生素D等）增加了青干草的营养价值，同时因为干燥过程迅速，使青草中蛋白质、脂肪、矿物质等营养物质很大一部分得以保存，提高了青干草的饲用价值。

用晾晒或干燥法来调制青干草，营养价值较高，方法简便，成本低，有利于长期大量的贮藏，同时可以调剂部分地区春冬时期青饲料短缺的问题。

2. 机械加工

机械加工是通过机械对粗饲料进行处理，一般用于处理新鲜牧草等青饲料。机械加工分为铡碎、粉碎、揉碎、碾青、压实等形式。在机械加工过程中通过粉碎干草制成草粉，以及碾制干秸秆和青草，可以较好地提高粗饲料的利用率。

（1）粉碎。草粉一般指将适时刈割后的青草经过快速干燥后粉碎而成的青绿色粉状饲料。草粉加工的主要原料一般是苜蓿、三叶草等优质豆科牧草，或豆科及禾本科混播的牧草，部分优质的禾本科牧草也可单独作为草粉加工的原料，如黑麦草、羊草等。一般来说加工草粉时影响其质量的关键因素是原料的种类，其次为刈割时期。刈割时期的不同会直接影响到草粉成型后的质量，过早刈割牧草使得草粉的质量好但产量低；过晚刈割则会导致牧草木质化程度重且营养物质的含量减少，从而直接影响草粉的品质。

草粉具有粗蛋白含量高，粗纤维含量低，氨基酸、维生素、微量元素及其他生物活性物质含量高等特点。在饲料中合理地配置草粉，可提高动物的饲养价值。

（2）碾青。碾青俗称"染青"，是我国劳动人民在长期的生产实践中创造的一种经济有效的牧草与秸秆加工利用方法。碾青是将干制的秸秆切碎后铺于打谷场上，厚度15～30厘米，在其上铺同样厚度的切碎的新鲜牧草，然后再覆盖一层秸秆，用畜力或机械带动石磙碾压。使收获的新鲜牧草被压扁、汁液流出而被干秸秆吸收。加工后的牧草在夏天经短时间的晾晒，即可贮存。

通过碾青可较快地制成干草，减少营养素的损失；在碾青的过程中茎叶干燥速度一致，可减少叶片脱落损失；还可提高秸秆的适口性与营养价值。

3. 热加工

目前热加工处理通常有蒸煮、膨化和高压蒸汽裂解3种方式。

将切碎后的粗饲料加水进行蒸煮，经过蒸煮后的饲料可以提高适口性和消化率，若用来饲喂反刍动物，则可在蒸煮时添加尿素，增加饲料的氮含量。有报道称，2 070千帕压力处理稻草90秒，可获得较好的效果。

膨化和高压蒸汽裂解，都是利用高压蒸气进行处理。膨化是经过高压蒸汽处理后突然降压以破坏纤维结构，高压蒸汽裂解则是将待处理的饲料原料放入热压器内，通入高压蒸汽使原料中的纤维素、木质素等发生蒸汽裂解。膨化和高压蒸汽裂解，可破坏饲料中木质素、纤维素等动物吸收利用率较低的大分子，增加饲料可溶性成分，提高饲料原料的利用价值。但膨化法和高压蒸汽裂解法由于设备投资大、效益低，现在生产上难以广泛应用。

（三）化学处理法

化学法一般用来处理秸秆类饲料。秸秆饲料中纤维素和木质素的含量较多，利用酸、碱、氨等化学物质对其进行处理，破坏其纤维素、木质素、半纤维素之间的酯键，以提高饲料的利用率。

1. 碱化处理

一般通过碱类物质在水中电离出的氢氧根离子来破坏木质素和半纤维素中间的酯键，把镶嵌在木质素—半纤维素复合物中的纤维素释放出来，同时使得大部分木质素及半纤维素溶解，提高动物对饲料的消化率与利用率，一般使用氢氧化钠溶液或石灰水处理秸秆。

将秸秆放置于1.5%浓度的氢氧化钠溶液浸泡24小时后用水反复冲洗，此方法是1921年化学家贝克曼提出的"湿处理法"。虽然此方法提高了动物对有机物的消化率，但用水量大，污染环境。

我国的许多地方采取石灰水处理法，利用生石灰加水经过沉淀，形成的上层澄清液（石灰乳）处理秸秆。1千克生石灰加水100~150千克，将石灰乳喷洒至粉碎的秸秆上，堆放1~2天即可直接饲喂。1千克生石灰可处理30~33千克秸秆。此法原料来源广、成本低、方法简便、效果明显。

2. 氨化处理

20世纪70年代出现通过氨化的方式来处理秸秆饲料，利用氨水、尿素碳酸氢铵等物质作为氨源喷洒至秸秆表面或进行制粒。虽然秸秆饲料中蛋白质含量低，但氨中的氮元素可作为牛羊瘤胃里的微生物氮源，秸秆中有机物可与氨发生氨解反应形成铵盐，破坏了半纤维素、纤维素、木质素之间的酯键。同时，氨溶于水后显碱性，电离出氢氧根离子对秸秆具有一定的碱化作用。

氨化处理后的秸秆相当于经过氨化及轻微碱化的双重作用，秸秆经过氨化处理后质地松软、气味醇香，粗蛋白含量和有机物的消化率明显提高，纤维素含量明显降低。

3. 酸化处理和氨—碱复合处理

酸化处理与碱化处理的原理相同，利用硫酸、盐酸、甲酸等酸性物质破坏秸秆中半纤维素、纤维素、木质素之间的酯键，但由于酸化处理的成本过于昂贵，因此在生产上极少使用。

氨—碱复合处理是把氨化处理和碱化处理的优点相结合，将秸秆饲料进行氨化后再进行碱化，提高了饲料的营养成分含量和消化率。虽然此种方式投入成本较高，但能大幅提高饲料利用率，充分发挥秸秆饲料的潜力。

4. 盐化以及其他方式

铡碎或粉碎的秸秆饲料与浓度1%食盐水进行等重量搅拌，搅拌均匀后用薄膜覆盖，放置于地面1天，可使其自然软化。盐化后可明显提高动物采食量及适口性。

此外，研究发现通过射线照射等方式，可改变饲料中营养物质成分，提高饲用价值，但在日常生产生活中难以应用。

五、饲料贮藏

饲料贮藏一直是畜牧业发展不得不面临的一个难题，合理的饲料贮藏可以减少饲料因受潮、发霉变质、虫鼠害等原因造成的浪费，减少养殖成本，提高经济效益。

（一）贮藏方式

贮藏环境及方式对于饲料来说至关重要，高温、潮湿的环境中饲料易发生霉变，而过于干燥又极易引发火灾。同时，要预防虫鼠害，虫鼠会蚕食饲料、破坏仓库，而且易携带病毒、细菌等病原体，污染饲料，传播疾病。

青贮饲料在粗饲料中贮存方式相对特殊。制作为大量青贮时，一般修建青贮窖、青贮池和青贮塔。青贮窖、青贮池和青贮塔是由混凝土、砖石及水泥砌制而成，结构坚硬，不漏水，不透气。制作少量青贮时，一般选用厚实的塑料膜或塑料袋，为防止穿孔可包裹两层。

为了减少投资成本，北方地区的粗饲料一般采用露天堆积或存贮于半封闭式仓库等方式，而南方地区则需要考虑饲料的通风与防潮。

（二）预防措施

对于青贮饲料来说，需要经常检查塑料袋及覆盖的薄膜有无破损，若发现有破损，应及时用胶布和黏泥补好。应做到使用多少则取多少，取料时应将腐败或长霉的青贮料予以剔除，取料完成后应及时密封，防止二次发酵。

对于其他粗饲料来说，要控制好水分，改善粗饲料的贮藏环境，尽量在硬化地面进行堆放，南方地区须确保通风条件，必要时可使用干燥剂降低空气中水分含量。可采取喷洒防霉剂等方法减少霉菌的生长繁殖，国内通常使用的是富马酸、丙酸及其盐类，或混合型防霉剂。

防虫鼠害应在饲料入库之前彻底检查仓库情况，对仓库进行杀虫灭虫处理，同时做好防鼠除鼠工作。

做到饲草料先入先出，防止因积压时间过长造成饲草料不必要的损耗。定期巡查仓库，及时剔除霉变饲料，防止有害微生物扩散。

六、饲养管理

（一）奶牛的饲养管理

奶牛饲养管理应符合相应阶段的饲养规范，饲料和饲料添加剂使用应符合国家最新颁布的法规、条例及NY/T 471—2018《绿色食品　饲料及饲料添加剂使用准则》，不可添加未经允许的任何化学、生物制剂及保护剂成分；兽药的使用应按照NY/T 472—2013《绿色食品　兽药使用准则》的相关规定执行，泌乳牛在正常情况下禁止使用任何药物，必须用药时，有兽药残留的牛奶不应出售，牛奶在上市前应按规定停药，应准确计算停药时间和弃奶期；牛群防疫应符合NY/T 473—2016《绿色食品　畜禽卫生防疫准则》相关规定；饲养场所应足够的饮水设备，保证饮水供应，饮水质量应符合NY/T 391—2021《绿色食品　产地环境质量》规定，经常清洗和消毒饮水设备，避免细菌滋生，贮水设施应定期清洗消毒，防止污染；人员管理应定期进行健康检查，发现有传染病患者应及时调出，饲养管理应符合相应的饲养规范、规程，挤奶管理应保证贮奶罐、挤奶机使用前后清洗干净，机器设备定期检查、维修和保养，乳房炎病牛不应上挤奶机，上机检出的乳房炎病牛应转入病牛区单独挤奶；病死牛及其产品处理应符合GB 16548—2006《病害动物和病害动物产品生物安全处理规程》相关规定，非传染性病牛应及时治疗，死牛应及时无害化处理，传染性病牛应及时隔离，病牛所产乳及死牛应无害化处理，使用药物的病牛产的奶不应作为商品奶出售。饲养场粪便、污水、污物固体废弃物的处理应符合NY/T 1168—2006《畜禽粪便无害化处理技术规范》及国家环保要求，处理后饲养场污物排放标准应符合GB 18596—2001《畜禽养殖业污染物排放标准》的要求。

1. 犊牛饲养管理

犊牛是指出生至6月龄的牛，以断奶为节点分为哺乳期和断奶后2个阶段。犊牛的饲养管理包括新生犊牛的护理、哺乳期犊牛的饲养管理和断奶犊牛的饲养管理。犊牛的饲养管理相关技术要求可参照GB/T 37116—2018《后备奶牛饲养技术规范》相关技术规定。

2. 奶牛的饲养管理

（1）7月龄至配种前青年牛的饲养管理。这一阶段的目标是通过合理的饲养使其按时达到性成熟，可接受配种。参照GB/T 37116—2018《后备奶牛饲养技术规范》的相关技术要求，首次配种前体重达到成年体重的55%，适配月龄为13~15月龄。饲养管理标准应满足总死亡率低于1%，总发病率低于4%，日增重0.75~0.85千克。

（2）怀孕至产犊阶段青年牛的饲养管理。怀孕至产犊阶段的青年牛一般指13~24月龄。此阶段可参照GB/T 37116—2018《后备奶牛饲养技术规范》的相关技术要求。该阶段繁殖性能指标应达到常规冻精情期受胎率不低于65%，平均初产月龄不超过25个月。饲养管理应满足肺炎发生率低于1%，死亡率低于0.5%，流产率低于3%，日增重达到0.75~1.5千克。

（3）泌乳牛的饲养管理。①围产期。围产期是指产前15天至产后15天的这一阶段，分为围产前期和围产后期。由于这一阶段奶牛的生理状态发生突然变化，导致巨大的应激，同时这一阶段干物质采食量减少，给奶牛健康带来极大危害，因此这一阶段饲养管理目标以保健为主。饲养管理技术要求，从围产前期开始适当增加精料补充料，饲喂量增加5~7千克，分娩后灌服温热产后营养汤30~40千克，有助于刺激瘤胃，恢复食欲，有利于母牛恢复体力和排出胎衣。产后3天内应以优质干草为主，补喂少量精料。围产后期应继续增加精料补充料，每天增加0.3千克，产后7~10天，精料用量达到6~6.5千克时，同时喂食优质干草，饲喂量不低于体重的0.5%，产后2~4周添加烟酸，分娩前使用低钙日粮，分娩后使用高钙日粮。②泌乳盛期。泌乳盛期是整个泌乳期的关键阶段，一般6~8周即可达到产奶高峰，产奶量占全期产奶量的40%。产后奶牛的食欲开始恢复，产后10~12周干物质采食量才达到高峰，干物质采食量的增加赶不上泌乳对能量的需要，导致奶牛能量负平衡。因此，这阶段的饲养管理目标是减少奶牛能量负平衡，最大限度地发挥其泌乳性能，维持体重和提高产奶量。可采用"引导饲养"的方法，从围产前期开始，直到产犊后泌乳达到最高峰时，喂给高能量的日粮，以达到减少酮血症的发病率。即自产犊前2周开始，每天约喂1.8千克精料，以后每天增加0.45千克，直到母牛每100千克体重吃到1.0~1.5千克精料为止。母牛产犊后仍继续按每天0.45千克增加精料，直到泌乳达到高峰。待泌乳高峰期过去，便按产奶量、乳脂率、体重等调整精料喂量。为满足能量需要量可添加过瘤胃脂肪、蛋白质或氨基酸，另外，可通过延长饲喂时间和增加饲喂次数增加干物质采食量。③泌乳中期。泌乳中期指产后101～200天，这一阶段干物质采食量已达到高峰，高峰后干物质采食量下降的幅度小于产奶量下降的幅度，因此这一阶段的饲养管理目标力求产奶量下降幅度最低，每月产奶量下降控制在5%～7%。此阶段应调整日粮结构，逐渐减少精料用量，增加优质青粗饲料的饲喂量。④泌乳后期。泌乳后期指产后第201天到干乳，一般处于妊娠后期，产奶量下降幅度较大。此阶段应根据产奶量的下降情况，继续减少精料，并逐渐增加粗饲料，此外也应该根据牛的膘情进行调整，精料、粗饲料干物质比为（30∶70）～（40∶60）为宜。

（4）干奶牛的饲养管理。产犊前60天左右停止产奶的时间为干奶期。干乳期又分为干乳前期和干乳后期，干乳前期是从停奶到产前22天，干乳后期是从产前22天到分娩，即围产前期。干乳之前应做好隐性乳房炎的检查，检查阳性的应先治疗，治愈后再进行干奶。干奶期应注意保持乳房清洁卫生，保持牛舍清洁干燥，勤换垫草，牛群应合理分群，针对不同的牛群，配置不同营养水平并提供相应的饲养管理技术。干奶期饲料供应应根据粗饲料质量和奶牛膘情进行调整，精粗比（30∶70）～（35∶65），精料喂量控制在3.0～3.5千克。

（二）肉牛的饲养管理

肉牛饲养管理应符合相应阶段的饲养规范，饲料和饲料添加剂使用应符合国家最新颁布的法规、条例及NY/T 471—2018《绿色食品 饲料及饲料添加剂使用准则》，不可添加未经允许的任何化学、生物制剂及保护剂成分；兽药的使用应按照NY/T 472—2013《绿色食品 兽药使用准则》相关规定执行，牛群防疫应符合NY/T 473—2016《绿色食品　畜禽卫生防疫准则》相关规定；饲养场所应足够的饮水设备，保证饮水供应，饮水质量应符合NY/T 391—2021《绿色食品　产地环境质量》相关规定，经常清洗和消毒饮水设备，避免细菌滋生，贮水设施应定期清洗消毒，防止污染；人员管理应定期进行健康检查，发现有传染病患者应及时调出，饲养管理应符合相应的饲养规范、规程；发生疾病的种公牛、种母牛及后备牛必须使用药物治疗时，在治疗期或达不到休药期不应作为食用淘汰牛出售；牛场人员应定期进行健康检查，有传染病者不得从事饲养工作，场内兽医人员不应对外出诊，配种人员不应对外开展牛的配种工作，场内工作人员不应携带非本场的动物食品入场，饲养管理中不应喂发霉和变质的饲料和饲草，按体重、性别、年龄、强弱分群饲养，观察牛群健康状态，发现问题及时处理，保持地面清洁，垫料应定期消毒和更换；保持料槽、水槽及舍内用具洁净，对成年种公牛、母牛定期浴蹄和修蹄；病牛、死牛不得出售，非传染性病牛应隔离饲养、治疗，痊愈后归群，需要处死的病牛，应在指定地点进行扑杀，传染病牛尸体依照GB 16548—2006《病害动物和病害动物产品生物安全处理规程》进行处理。

1. 肉用犊牛的饲养管理

肉用犊牛一般采用随母哺乳的方式饲养，即犊牛跟随母牛哺乳、采食和放牧等，一般哺乳期为4~6个月。犊牛随母哺乳期间应尽早让犊牛采食牧草和颗粒料，犊牛4周龄时可接触青贮饲料，但此时不宜过多。肉用犊牛应按月龄、体重、性别等进行分群饲养，每群30~50头，固定专人饲养管理。犊牛应按防疫规定进行疫苗接种预防，2~3月龄接种产气荚膜梭菌病疫苗，断乳前3周龄进行传染性鼻气管炎疫苗接种，断奶后2~3周，进行牛病毒性腹泻病的疫苗注射。

2. 生长育肥牛

生长育肥牛的特点是生长发育较快，此阶段营养需要应跟随不同发育阶段进行调整，此阶段不同营养需要量可参照NY/T 815—2004《肉牛饲养标准》执行。通常小于1岁的育肥牛日粮组成需要精粗饲料配合饲喂，3～6月龄粗饲料比例应为40%～70%，7～12月龄粗饲料比例应增加到50%～90%。13月龄以上的育肥牛只饲喂优质粗饲料基本可满足正常生长需要。青年牛育肥是指在哺乳期结束后直接进入育肥阶段，进行强度育肥，在13～14月龄体重达到360～550千克，出栏销售。育肥牛应按年龄、品种、体重等分群，分群大小应适宜，在适宜阶段进行去角、去势，每年春、夏两季和育肥前应进行驱虫，保持圈舍环境卫生清洁。

3. 育成母牛

育成母牛的营养需要可参照NY/T 815—2004《肉牛饲养标准》执行。育成母牛指断奶后到配种前的母牛。在不同的生长阶段，生长发育特点和消化能力不同，因此饲养管理有所不同。断奶至1岁龄，应以优质粗饲料为主，适当补充精饲料，干物质中75%来源于青粗饲料，25%来源于精料。12月龄至妊娠，母牛正常发育，16～18月龄体重可达成年母牛的70%～75%，此阶段饲喂优质青粗饲料基本能满足营养需要。育成母牛应按年龄、体重大小适时分群，月龄差异不超过1.5～2个月，体重差异不超过25～30千克。育成母牛应加强运动，保持牛体洁净，每天刷拭1～2次，为促进乳房发育，每天按摩乳房1～2分钟，注意防寒、防暑，适时配种。

4. 妊娠母牛

妊娠母牛的营养需要可参照NY/T 815—2004《肉牛饲养标准》执行。妊娠母牛的营养需要和胎儿的生长直接相关。妊娠前期胎儿生长发育缓慢，母牛营养需要量与妊娠前相似。妊娠后期2～3个月胎儿增重加快，需要大量的营养物质。分娩前母牛饲养应以优质粗饲料为主，逐渐增加精料。妊娠母牛应保持中上等膘情，过肥或过瘦可酌情增减精料。妊娠母牛管理应做到保持圈舍洁净、干燥、通风良好，注重母牛的保胎工作，地面防滑，预产前1周转入产房。

5. 泌乳母牛

泌乳母牛的营养需要可参照NY/T 815—2004《肉牛饲养标准》执行。泌乳牛的饲养管理目标是多产奶，满足犊牛生长发育的需要。母牛产后期应加强母牛的护理，促使其尽快恢复正常状态。保持牛舍干燥、洁净、通风良好，注意乳房护理，防治乳房污染，避免有害微生物侵害乳房和乳汁，引起母牛和犊牛疾病。

（三）肉羊的饲养管理

肉羊饲养管理应符合相应阶段的饲养规范，饲料和饲料添加剂使用应符合国家最新颁布的法规、条例及NY/T 471—2018《绿色食品　饲料及饲料添加剂使用准则》，不可添加未经允许的任何化学、生物制剂及保护剂成分；兽药的使用应按照NY/T 472—2013《绿色食品　兽药使用准则》的相关规定执行，羊群防疫应符合NY/T 473—2016《绿色食品　畜禽卫生防疫准则》的相关规定；饲养场所应足够的饮水设备，保证饮水供应，饮水质量应符合NY/T 391—2021《绿色食品　产地环境质量》的规定，经常清洗和消毒饮水设备，避免细菌滋生，贮水设施应定期清洗消毒，防止污染；人员管理应定期进行健康检查，发现有传染病患者应及时调出，饲养管理应符合相应的饲养规范、规程；肉羊育肥后期使用药物治疗时，应根据所用药物执行休药期，未达到休药期的不应上市；发生疾病的种羊在使用药物治疗时，在治疗期或不达休药期的不应上市或淘汰出售；羊场工作人员应定期进行健康检查，有传染病者不得从事饲养工作，场内兽医人员不应对外出诊，配种人员不应对外开展羊的配种工作，场内工作人员不应携带非本场的动物食品入场；不应饲喂发霉和变质的饲料、饲草，育肥羊应按体重、性别大小分群，分别进行饲养，群体大小、饲养密度要适宜；每天打扫羊舍卫生，保持料槽、水槽干净，地面清洁，使用垫草时应定期更换；非传染性病羊应立即治疗，治愈后归群，对疑似传染性羊应立即隔离观察、诊断，传染性和其他需要处理的死羊，应在指定地点进行扑杀，按照GB 16548—2006《病害动物和病害动物产品生物安全处理规程》的规定进行无害化处理，羊场不应出售病羊、死羊。

1. 羔羊的饲养管理

羔羊是指初生至断奶这一阶段的羊只，这一阶段羔羊生长发育快，合理的饲养管理是发挥其遗传潜力的关键。

（1）初生羔羊的护理。初生羔羊机体功能和系统发育不完善，适应性差，容易发病，因此搞好初生护理是减少发病、提高成活率的关键。初生羔羊应及时采取人工辅助的方式使之尽快吃到初乳，注意保温防寒，羊舍温度应保持在5℃左右，保持圈舍卫生，严格消毒，严格执行消毒隔离制度。

（2）羔羊的饲养管理。羔羊的饲养方式可分为随母哺乳和人工哺乳两种方式。通常情况下采用随母哺乳的方式，随母哺乳应做好及时补饲，一般羔羊在出生后15～20天开始训练吃草吃料，粗料应为优质青绿饲料。在母羊伤亡、乳房损伤、多胎等情况下采用人工哺乳的方式饲养，人工哺乳应保证定温、定量、定时、定人和环境卫生。代乳料温度应保持在35～41℃，饲喂量应相当于体重的20%，并每周增加25%～30%，每天应固定时间、固定人员饲喂，保持圈舍环境洁净，定期消毒。羔羊应适时去角、断尾、去势，搞好防疫注射，应在7～15日龄去角、断奶，2月龄左右去势。

2. 育成羊的饲养管理

育成羊是指断奶后至第一次配种前的幼龄羊。育成前期羔羊生长发育迅速，瘤胃发育不完善，对粗料利用率低，此时应以精料为主，补饲优质青绿粗饲料。育成后期瘤胃机能发育完善，此时育成羊应以放牧或粗饲料为主，补饲少量精料或优质干草。育成羊的合理日粮搭配应以精粗比2∶3为宜。做到适时配种，一般育成母羊在8～12月龄，体重达到成年体重的65%以上配种，公羊需在12月龄以后参加配种。

3. 育肥羊的饲养管理

肉羊育肥是指肉羊在出栏前进行的短期快速育肥，以达到提高出栏体重、屠宰率、胴体品质和更高的经济效益。根据育肥对象分为羔羊育肥和成年羊育肥，根据育肥方式分为直线育肥和阶段育肥。羔羊育肥一般选择断奶后的羔羊，进行2～3个月的短期育肥，6月龄以前出栏。羔羊生长发育迅速，饲料报酬较高，育肥目标以增加肌肉和骨骼生长为主，日粮要求优质粗饲料不低于40%～60%，饲养环境应满足地势平坦、通风和采光良好，注意夏季防暑、冬季保暖，提供充足洁净的饮水，并保持环境卫生，定期消毒，羊只定期防疫。成年羊育肥往往是淘汰羊、老残羊，这类羊产肉率低，育肥期2～3个月，育肥目标以增加脂肪为主，饲粮应提供充足的碳水化合物。成年羊育肥应做好合理分群，饲料充足，尽量限制活动，定期驱虫，做好疫病防控。直线育肥是指断奶后羔羊直接转入集中育肥舍，快速育肥的生产模式，适宜于羔羊肉生产。直线育肥根据养殖区域的不同分为全舍饲育肥，放牧+补饲的方式。直线育肥饲养标准应符合羔羊的营养需要，在舍饲条件下应保持圈舍卫生状况良好，保证良好的通风和采光，定期消毒防疫。阶段育肥是指夏季利用草场放牧，秋末冬初全舍饲饲养，可充分利用廉价牧草的优势，降低成本，短期舍饲育肥又能保证羔羊肉品质。

4. 繁殖母羊的饲养管理

（1）空怀期的饲养管理。由于产羔季节的不同，母羊空怀期肠段存在差异，一般为5～7个月。空怀期母羊饲养管理目标以恢复体况为主。空怀母羊应均衡营养，在配种前补饲，促进母羊发情整齐，增加排卵数，提高产羔率。

（2）妊娠期的饲养管理。妊娠前期胎儿发育较慢，所增加体重占胎儿体重的10%，对营养物质的需要与空怀期相似，可通过补饲一定量的优质精粗饲料，以满足胎儿发育的需要，每日补饲优质干草1.0～2.0千克或青贮饲料1.0～2.0千克。妊娠后期胎儿生长发育迅速，增加体重占羔羊初生重的90%。妊娠后期应提高日粮的营养水平并增加精饲料的饲喂量。妊娠后期管理应做到保持圈舍洁净、干燥、通风良好，注重母羊的保胎工作，地面防滑，预产前1周应将母羊放置在待产圈中饲养和护理。

（3）哺乳期的饲养管理。哺乳前期的饲养管理应保障母羊乳汁分泌量，母羊产羔后泌乳量逐渐增加，4～5周达到高峰，8周以后逐渐下降。哺乳前期母羊的饲喂量应随泌乳量增加，单羔母羊每天补饲混合精料0.3～0.5千克，双羔或多羔母羊补饲0.5～1.5千克，同时饲喂一些优质青干草或青绿多汁饲料。哺乳后期母羊的母乳量下降，此时应逐渐减少补饲，到断奶时恢复正常饲喂。

5. 种公羊的饲养管理

种公羊在非配种期的饲养管理目的是恢复和保持良好种用。配种结束后1～2个月，种公羊的日粮应与配种期基本一致，日粮组成可增加优质青干草或青绿多汁饲料的比例。非配种期种公羊应由专人负责，分群饲养，保持圈舍清洁干燥，有运动场，定期消毒，定期检疫、预防接种及驱虫药浴。配种期种公羊消耗大量养分和体力，每天应补饲1.5千克的混合精料，并在日粮中增加部分动物源蛋白质饲料，以保持精液品质。配种期公羊的饲养管理须认真、细致，保持饲料、饮水的清洁卫生，保持圈舍通风良好。

七、疫病防治

(一) 疫病防控

1. 免 疫

免疫应当分为预防免疫和紧急免疫,并严格执行免疫监测制度。

(1) 免疫监测。利用血清学等方法(疫苗、类毒素和免疫血清),对某些疫苗免疫动物在免疫接种前后的抗体跟踪监测,以确定接种时间和免疫效果。在免疫前,监测有无相应抗体及其抗体水平,以便掌握合理而准确的免疫时间,避免重复;在免疫后,监测是为了了解并检验免疫效果,从而决定是否进行二次重免;有时还可及时发现疫情,尽快采取扑灭措施。如奶牛要按规定进行预防接种,有口蹄疫等国家规定疫病的免疫接种计划和实施记录。对结核病、布鲁氏菌病等传染性疾病进行定期监测,有检测记录和处理记录。

(2) 预防接种。预防免疫是为了在平时预防某些传染病的发生和流行,有组织有计划地按照免疫程序给予健康畜群进行的免疫接种。常用的接种药剂有疫苗和类毒素等。由于免疫药剂的不同,因此接种方法也有所区分,常见的接种方法有皮下注射、肌内注射、皮肤刺种、口服、点眼、滴鼻、喷雾等。预防接种应首先进行当地流行病学调查,然后针对性地制订接种计划。预防接种后,要注意畜群的个体和群体反应,局部反应表现为炎症的变化,如红、肿、热、痛等;全身反应则是体温变化、食欲不振、精神不佳等。轻微的反应是正常的,若反应严重,则需要适当的治疗。

(3) 紧急接种。紧急接种是指在发生畜群传染病时,为了迅速而有效地控制局面,对疫区和潜在受威胁区的畜群进行紧急免疫接种。在进行紧急接种时,要先对畜群进行详尽的临床调查,确定只对无任何临床症状的畜群接种，对于已经患病和处于潜伏期的个体，不能进行紧急接种，应当立即隔离治疗或者扑杀。对于处于潜伏期的个体，要进行仔细的甄别，否则贸然紧急接种，不但起不到治疗效果，反而会促使其发病，造成一定的损失。

另外，对于新购置的畜群，应当检疫合格，并在隔离区隔离、观察、处理后才能合群。

2. 驱　虫

牛羊的寄生虫病制约着养殖产业的发展，患有内外寄生虫的个体牛羊，重者日趋消瘦，甚至造成死亡；轻者食欲不振，营养摄入受阻，导致生长发育不良，造成生产性能的下降。因此，驱虫在牛羊养殖过程中十分必要。

（1）寄生虫病的预防。寄生虫都具有自己特有的生活史、生存和传播条件。预防寄生虫，只要打断其生活史，消灭其生存和传播条件，就能预防寄生虫病。注意加强日常饲养管理，保持圈舍的干燥和通风，勤换垫草，保持清洁卫生和饮水卫生。在有寄生虫感染的地区，如有肝片形吸虫的草场，可采取排水、填平沼泽的方法或者用生物化学方法消灭中间宿主锥实螺，以切断其生活史。有条件的地区尽可能实行分区轮牧，使其虫卵或者幼虫在放牧区内死亡。多数寄生虫的卵随粪便排出体外，因此有必要对粪便进行发酵处理，以灭杀寄生虫卵。对于体外寄生虫的预防可以选择定期进行药浴的方式，对体外寄生虫病污染过的圈舍和用具，必须彻底消毒处理。新购入的牛羊，要经过隔离观察或者预防处理后才能与原有的群只合群饲养。

（2）寄生虫病的防治。①药物治疗：在有寄生虫感染的地区，至少每年进行春、秋两次预防性驱虫。如牛的寄生虫病预防，应当根据饲养环境的需要，每年对牛群进行1~2次肝片形吸虫的驱虫工作；在血吸虫病的流行地区，要实行圈养，并定期对血吸虫病进行普查及治疗工作；对于焦虫病流行疫区，也要每年定期进行血液检查。药物治疗牛羊体内外各种寄生虫时，选用的药物要准确，药物用量要精确。必须做驱虫安全试验，在确定药物安全可靠和驱虫效果后，再进行大群驱虫。②药浴：药浴可分为池浴、淋浴和喷雾3种方式。药浴池分为流动式和固定式，流动药浴又分为流动药浴车、帆布药浴池和小型浴槽等。一般流动药浴较多用于群只较少的牛羊群。预防性药浴最佳间隔时间为7天重复一次。

3. 疫病的控制和扑灭

（1）根据《中华人民共和国动物防疫法》的规定，制订疫病监测方案。

（2）发生一类动物疫病时，应当立即上报，划定疫点、疫区、受威胁区，调查疫源，及时报请本级人民政府对疫区实行封锁。对疫区采取封锁、隔离、扑杀、销毁、消毒、无害化处理、紧急免疫接种等强制性措施，迅速扑灭疫病。在封锁期间，禁止染疫、疑似染疫和易感染的动物、动物产品流出疫区，禁止非疫区的易感染动物进入疫区，并根据扑灭动物疫病的需要对出入疫区的人员、运输工具及有关物品采取消毒和其他限制性措施。

（3）发生二类动物疫病时，应当立即上报，划定疫点、疫区、受威胁区，并采取隔离、扑杀、销毁、消毒、无害化处理、紧急免疫接种、限制易感染的动物和动物产品以及有关物品出入等控制、扑灭措施。

（4）发生三类动物疫病时，上报有关部门，按规定组织防治和净化。

（5）当二类、三类动物疫病呈暴发性流行时，按照一类动物疫病处理；发生人畜共患传染病时，卫生主管部门应当组织对疫区易感染的人群进行监测，并采取相应的预防、控制措施；饲养人员、动物和其他生产资料的运转应分别采取不交叉的单一流向，减少污染和动物疫病传播。

4. 卫生消毒

（1）卫生。确保动物的卫生、健康以及人对动物产品消费的安全，在动物生产、屠宰中应当采取的条件和措施。卫生包括场区空气质量卫生、舍内环境质量卫生、场区土壤卫生和饮水卫生。场区空气质量卫生应按照NY/T 388—1999《畜禽场环境质量标准》执行，其余卫生标准按照NY/T 1167—2006《畜禽场环境质量及卫生控制规范》执行。①舍内环境质量卫生：舍内含有氨气、硫化氢、二氧化碳、甲烷等气体的控制设施；粪污要有相应的处理程序；具备舍内的有害悬浮颗粒物控制设施等。②土壤卫生：具备土壤中镉、砷、铜、铅、铬、锌等元素的控制设施；土壤中细菌总数、总大肠杆菌数要在可控范围内，可采取定期紫外杀菌等。③饮水卫生：饮水一般采用自来水、自备井水或地表水。自来水需要注意及时清理管道，保证水质运输无污染；自备井水应当在污染源的上方或地下水位的上游，保证水量丰富，水质良好，取水方便，水井30米内不得有任何污染源；地表水是暴露于地面的水源，较容易受污染，含有较多的悬浮物和细菌，因此需要进行净化和消毒处理，使其满足牛羊的饮用水标准。

（2）消毒。消毒是为了消灭被传染源散播于外界环境当中的病原体，以切断传播途径，阻止疫病的继续蔓延。消毒的方法一般分为4种，分别为机械消毒法、物理消毒法、化学消毒法和生物消毒法。①机械性消毒：主要通过清扫、洗刷、通风、过滤等机械方法消毒病原体，该方法较为常见，但不能达到彻底消毒的目的，故常作为一种辅助性方法配合其他消毒方式。②物理消毒法：采用阳光、紫外线、干燥或高温等方法灭杀细菌和病毒。③化学消毒法。使用化学性药物灭杀病原菌，在防疫工作中最为常用。选用的消毒药剂常考虑杀菌谱较广，有效浓度较低，作用快，效果好，对人畜无害且性质稳定，受其他有机因素或理化因素的影响较小，使用后无残留或易清理，副作用较小。④生物消毒法。生物消毒法常用于粪便的堆积发酵，在兽医的实践当中较为常见，利用嗜热细菌繁殖时的高效率产热，在经过1~2个月的发酵，可以杀死大部分细菌、病毒及寄生虫卵，此方法既可以起到杀菌消毒的效果，又利用了生物能产生肥效。但对于含有耐热的芽孢杆菌类等致病菌的粪便，该方法并不适用，应焚烧或深埋处理。

（二）牛羊常见病诊疗

1. 炭疽

炭疽是由炭疽杆菌引发的急性、热性、败血性的人畜共患病。患病动物脾脏显著增大，皮下和浆膜下有出血性胶样浸润，并伴有血液凝固不良等症状。炭疽多发生在夏季，雨水泛滥，吸血昆虫较多，传播迅速，主要经采食污染的草料和饮水而发生感染，其次通过吸血昆虫传播扩散，也会通过呼吸道感染。

炭疽可通过血液进行诊断，其预防措施为接种预防，当发生炭疽感染时，应立即上报，并划疫区、封锁发病场所。炭疽的治疗可采用血清疗法和药物疗法，抗炭疽血清是特效药剂，病初应用效果良好，采用皮下注射或者静脉注射，必要时12小时后进行二次注射。

2. 布鲁氏菌病

布鲁氏菌病（简称布病）是由于布鲁氏菌引起的人畜共患病。患病动物表现为生殖器官和胎膜发炎，引发流产、不育和各种组织的局部病灶。布病的诊断可以通过流行病学资料，流产、胎儿胎衣的病理损害等进行判断，但确诊还需要实验室检测。

目前针对布病的治疗以预防为主，畜群应当每年至少预防一次，一经发现病例，应立即淘汰。消灭布病的措施是检疫、隔离、控制传染源、切断传播途径等。

3. 口蹄疫

口蹄疫是由口蹄疫病毒引起的偶蹄兽的一种急性、热性、高度接触性传染病，其特征是在皮肤、黏膜形成水泡和糜烂，尤其口腔和蹄部最为明显。临床症状一般潜伏期为3～8天，体温升高至40℃，精神沉郁，食欲废绝，舌唇部黏膜出血，蹄趾间皮肤出现同样的水疱。

口蹄疫被国际上列为一类传染病，因此要采取综合性防治措施，不但要按口蹄疫疫苗进行免疫接种，而且如果有该病发生，要立即汇报，采取封锁、隔离、消毒并扑杀，对疫区和受威胁地区的健康家畜进行紧急免疫注射。

4. 肝片形吸虫病

肝片形吸虫病是由肝片形吸虫引发的一种寄生虫病，其中间宿主为锥实螺，反刍动物吃草或者饮水时吞入囊蚴，囊蚴的包膜经过肠胃消化溶解后使幼虫钻入小肠壁随门静脉入肝脏，再通过肝脏入胆管，经过2～4个月发育为成虫，其卵随胆汁进入肠道随粪便排出。临床诊断主要是营养障碍和中毒所引发的慢性消瘦和衰竭，病理特征为慢性胆管炎和肝炎。

诊断肝片形吸虫病应结合症状、流行情况及粪便虫卵检测来综合判定。针对该病的治疗可以采用硫双二氯酚，按每千克体重约40～60毫克配制成悬浮液口服，此方法伴随有轻度腹泻症状；还可以按照每千克体重一次性口服硝氯酚3～7毫克（对成虫有效），或者按照每千克体重一次性口服三氯苯哒唑12毫克（对幼虫和成虫均有效）。

5. 牛流行热

牛流行热又名三日热或暂时热，是由于牛流行热病毒引起的急性、热性传染病，其临床特征为高热、流泪、消化器官严重卡他性炎症和运动障碍。病势猛，多为良性经过，无继发病时死亡率约为

1%~3%。

牛流行热多发于6—9月,且尚无有效疫苗,主要在夏秋两季注意防暑,保持卫生。如发病后,可用10%葡萄糖500~1 000毫升,10%安那加10~30毫升,维生素C 10~20毫升,混合后一次静脉注射,每天1次。

6. 羊快疫

羊快疫是由腐败梭菌引起的一种急性、致死性传染病,不同品种的羊均可感染,以1岁以内、膘情好的多发。发病季节多在初春和秋末。其特征是皱胃和十二指肠出血、水肿并坏死。呈散发或地方性流行。羊快疫临床表现为突然发生,急性死亡。病程稍长的病羊离群独处,卧地,不愿走动,强迫行走时,运动失调。腹部膨胀,有疼痛感,排出黑色稀粪,磨牙。体温一般正常,食欲废绝。发病后通常数分钟至数小时痉挛而死,很少有延长一天以上的病例。

羊快疫由于其病程短,因此往往来不及治疗就会导致羊只死亡,所以应预防为主,注射羊快疫—猝疽—肠毒血症三联苗进行预防。对病死羊应深埋,并对圈舍用20%漂白粉或3%烧碱液消毒。若及时发现,可选用0.5%高锰酸钾溶液250毫升灌服,每天1次;或者注射硫酸链霉素,每千克体重0.2万~0.5万单位。

7. 瘤胃臌气

瘤胃臌气是因前胃神经反应性降低,收缩力减弱或采食了大容量易发酵的饲料,在瘤胃内菌群作用下,异常发酵,产生大量气体,引起瘤胃臌胀。该病多发生于牛、羊,春夏秋牧草旺盛季节,特别是放牧的家畜容易发生该病。临床表现为病畜精神沉郁,食欲不振,反刍、嗳气停止。腹痛病畜起卧不安,后肢踢腹,拱背摇尾。呼吸困难,结膜发绀,心跳加快,站立不稳,最后倒地不起,窒息而死。

针对瘤胃臌气，应当注意饲草保管，防止发霉变质。饲料注意合理搭配，防止饥饿和过食。为发排出气体，可将舌拉出或在口腔内含一个木棒，促进胃中气体排除。用鸭血或鸡血直接灌服，可防止继续发酵。

八、屠宰分割

屠宰场的防疫和监管工作直接影响到牛羊产品的品质，做好屠宰场的防疫和监管工作可以有效防止疾病传播，提高牛羊产品的品质。

（一）屠宰卫生防疫

1. 屠宰场地

屠宰场地和布局应严格遵守相关法律法规和社会公共准则，远离居民生活区及交通干道，布局要满足卫生防疫要求，各生产车间建立相关配套的生产和卫生设施，建筑规模与其生产规模相适应。车间内清洁区和非清洁区分离，屠宰车间中致昏放血区、集血区、剥皮加工区应为非清洁区，胴体加工区应为清洁区；头、蹄、尾和肠胃加工区应为副产品加工非清洁区，心、肝、肺加工区应为副产品加工清洁区。车间建筑平面布置时，清洁区与非清洁区之间应隔断划分，清洁区与非清洁区人流、物流不得交叉。

2. 宰前防疫卫生

要建立牛羊进场的相关卫生防疫机制，屠宰场必须对入场动物做好详细的信息登记，如动物种类、产地、检疫证号及耳标号等信息，并按国家规定归档保存。屠宰场入口处应设置与门同宽、长4米、深0.3米以上的消毒池，做好入场车辆及厂区环境的消毒工作，保证待宰动物的清洁干净。对入场动物应检查其健康状态，观察动物的行为、身体状况、气味等外表特征，对临床状态有异样的动物应隔离观察、进一步检查，必要时按照要求进行检测。必须遵守屠宰前6小时凭相关材料申报检疫的规定，且应在检疫人员到场后进行屠宰。将宰前检查的信息及时反馈给检疫人员、饲养场和宰后检查人员，并做好宰前检查记录。

3. 屠宰卫生控制

（1）设备和器具。屠宰设施及用品应按工艺流程有序排列，避免引起交叉感染。屠宰间应配备屠宰放血和胴体整修的吊挂设备，接触肉类的设备及用品应使用无毒、无味、耐腐蚀、易反复清理和消毒、不易与肉类及消毒液发生反应的材料。对于屠宰放血工艺线上的悬挂输送机，其运行速度应按屠宰量和挂牲畜的间距来确定，挂牛间距不应小于1.6米，挂羊间距不应小于0.8米。放血线路上输送机轨道面距地面高度：对牛屠体不应小于4.5米，对羊屠体不应小于2.6米。盛血容器应为不锈钢容器，盛放肉类的容器和盛放废弃物的容器应为不锈钢或符合食品安全的白色塑料制品，两者的容器不能混用。在屠宰、检验过程中使用的器具、设备，如宰杀的各类刀具、容器、挂钩等每次使用后，应使用82℃以上的热水进行清洗消毒。应定期对车间设施、设备进行清洗消毒，每周至少对有关场所、设备和器具消毒2次。生产过程中，在对器具、操作台和接触食品的加工表面定期进行清洗消毒时，应采取适当措施防止消毒过程中对产品造成污染。车间内应做好防鼠、防蚊蝇及其他害虫侵入的措施。

（2）屠宰操作。屠宰操作应当吊挂进行，不得在地面操作。应采取适当措施，避免可疑病害动物胴体、组织、体液（如胆汁、尿液、奶汁等）、肠胃内容物污染其他肉类、设备和场地。已经污染的设备和场地进行清洗和消毒后，方可重新用于屠宰加工。屠宰加工过程中使用的器具（如盛放产品的容器、清洗用的水管等）不应落地或与不清洁的表面接触，避免对产品造成交叉污染；当产品落地时，应采取适当措施消除污染。不应同时在同一屠宰车间屠宰不同畜种。对于屠宰场内有毒有害溶剂、各种杀虫剂及消毒剂等应妥善存储，严格管理，以避免对肉产品造成污染。

4. 宰后卫生和无害化处理

（1）宰后检查。在屠宰后被脓液、病理组织、胃肠道内容物等污染物污染的产品，应进行剔除或废弃，对已经废弃的产品应做好标记并按规定处理，避免与其他肉类接触，造成交叉感染。在宰后检查的过程中，兽医有权减慢或停止加工屠宰。

（2）无害化处理。应按照《病死及病害动物无害化处理技术规范》要求进行无害化处理。

（3）废弃物和污水处理。屠宰废弃物应按照GB 12694—2016《食品安全国家标准　畜禽屠宰加工卫生规范》相关要求进行处理，生产污水应集中处理，排放应符合GB 13457《肉类加工工业水污染物排放标准》的相关要求。

（二）屠宰检疫防疫

1. 屠宰场配套设施

屠宰场的设置应该符合的基本条件：屠宰场的设置应符合GB 12694《肉类加工厂卫生规范》、GB/T 17237—1998《畜类屠宰加工通用技术条件》和NY 5028《畜禽产品加工用水质》的规定。

屠宰场应符合动物防疫条件，应根据检疫的要求在屠宰流程线中安排检疫位置，保障宰后检疫活动有足够的时间和空间。屠宰场待宰车间应包括卸畜站台、赶畜道、检疫间、接收栏、司磅间、健康活畜待宰栏、疑病畜隔离间及生活设施。待宰车间接收栏的面积宜为健康活畜待宰栏面积的1/10，其附近应设检疫人员专用通道与检疫间、司磅间和疑病畜隔离间。地磅四周应有围栏，磅坑内应有排水设施。健康活畜和疑病畜必须分开。健康活畜待宰栏存栏量宜为每班屠宰量的1.0倍。每头牛使用面积可按3.5～3.6米^{2}计算，每头羊使用面积可按0.6~0.8米^{2}计算。疑病畜隔离间的位置宜靠近卸畜站台，应设消毒设施并有单独出口。疑病畜隔离间存栏量不应少于1头（只）。疑病畜隔离间使用面积不宜小于20米^2。

2. 检疫设施

检疫室内基本设施：器械柜、操作台、冰箱、映像设备、消毒器具等。现场检疫器具：刀、钩、锉、剪刀、镊子、瓷盘、放大镜、测温仪（体温计）、听诊器、应急灯。检疫室检验设备和试剂：显微镜、玻片、染色液，以及采样、样品保存设备和易耗品。此外，还应备有"检疫验讫""高温""化制""销毁"印章，以及相关票据。检疫人员应符合《中华人民共和国动物防疫法》规定，获得相应资质，持证上岗。验证牛羊入场前，检疫员首先应向货主索取检疫证明，核对数量，查验免疫耳标，并询问产地和运输途中的疫情和消毒等有关情况。县境内牛羊，货主应持有"动物产地检疫合格证明"。县境外牛羊货主应持有"出县境动物检疫合格证明""动物及动物产品运载工具消毒证明"。

3. 临床检查

临床检查的方法按群体检查和个体检查方法进行。入场检疫的动物检疫合格后方能准予入场。对检疫证明逾期或无检疫证明按规定实施补检处理。证物不符或无免疫耳标的移交当地动物防疫监督机构按规定实施处理。对疑似染疫牛羊禁止入场、限制流动并立即报告当地动物防疫监督机构处理。

4. 宰前检疫

宰前检疫按GB 16549《畜禽产地检疫规范》和NY 467《畜禽屠宰卫生检疫规范》规定进行，必要时进行实验室检查。根据检疫结果作出准宰、急宰、缓宰、禁宰处理决定，由检疫员签发相关决定通知书。准宰：健康的牛羊。急宰：确诊为非感染性疾病、物理性损伤且可条件性利用的牛羊。缓宰：疑似传染病尚未确诊的牛羊。禁宰：被确诊为国家规定的一类、二类动物传染病以及对人畜危害较大的传染病，以及新发现的烈性传染病；被狂犬病或疑似狂犬病患畜咬伤的牛羊。

5. 宰后检疫

宰后检疫与屠宰过程同步进行。同一动物的胴体、内脏和头蹄在流水线上编记同一号码以便查对。

（1）摘除甲状腺后，进行头部、蹄部检查。检查唇、齿龈、舌面和口腔有无水疱、溃疡；观察舌体、舌跟、头部各器官有无病变；切开下颌淋巴结和咽后内侧淋巴结，观察有无病变；切开左右两侧咬肌，暴露咬肌面积2/3以上，检查有无寄生虫；检查蹄部有无水疱、溃疡。

（2）内脏检查。开膛后，随即观察各脏器器官的色泽、大小、有无病变组织和寄生虫；观察食道壁有无住肉孢子虫包囊；剖检肠系膜淋巴结，观察胃、肠浆膜有无病变；必要时剖检胃肠。

（3）胴体检查。检查皮肤、脂肪、肌肉、胸膜、腹膜和盆腔，观察有无淤血、出血、水肿、炎症、脓肿、肿瘤；切开腹股沟浅淋巴结、髂下淋巴结、腹股沟深淋巴结或髂内淋巴结、颈浅淋巴结（即肩前淋巴结），观察有无病变；摘除两侧肾上腺，进行肾脏检查，检查肾脏色泽、大小、有无病变；必要时纵向剖开检查；观察各部位肌肉有无寄生虫。

（4）膈肌检查。采取横膈膜肌脚左右各一块25～30克，按胴体号编号后撕去肌膜，肉眼检查有无住肉孢子虫；必要时，顺肌纤维方向剪取24个米粒大小的肉粒（每块肉样12粒），压片镜检，检查有无住肉孢子虫包囊。

6. 宰后检疫结果处理

若检疫合格，在胴体规定部位加盖"检疫验讫"印章。胴体、内脏、头、蹄及其他产品，出具全国统一的动物产品检疫合格证明。县境内销售的，按一牛一证、一羊一证出具县内使用的"动物产品检疫合格证明"；运出县境销售的，按一车（船）一证，出具"出县境动物产品检疫合格证明"。剔骨分割销售的，按一批（车、船）一证出具检疫合格证明。在分割产品的包装上加封检疫合格标记。对于检疫不合格的，由动物检疫员按GB 16548《畜禽病害肉尸及其产品无害化处理规程》和NY 467《畜禽屠宰卫生检疫规范》的规定，签发无害化处理通知书，通知并监督屠宰企业进行无害化处理。

7. 检疫记录

检疫员应详细记录牛羊入场检查、宰前宰后检疫的过程和结果。保留的检疫证明和出具的检疫证明存根及有关记录，由检疫员按规定送交当地动物防疫监督机构保存。检疫记录保存两年。

九、污染物处理

（一）粪便无害化处理

抓好牛羊粪污资源化利用，关系到畜产品有效供给，关系到农村居民生产生活环境改善。无害化处理就是利用高温、好氧或厌氧发酵、消毒等技术使粪便达到卫生学要求的过程。

1. 基本要求

（1）新建、扩建、改建的养殖场应当建设粪便处理区及配套处理设施，对粪便进行无害化处理。

（2）养殖场所的粪污处理布局应按NY/T 682《畜牧场场区设计技术规范》规定进行。

（3）粪便处理应坚持减量化、资源化、无害化的原则。

（4）粪便处理的过程应满足安全和卫生要求，避免二次污染发生。

（5）当发生重大疫情时，应按照国家兽医防疫有关规定处置。

（6）坚持以地定畜、以种定养，根据土地承载能力确定养殖规模，宜减则减、宜增则增，促使种养业在布局上相协调，在规模上相匹配，以提高粪污资源化利用能力明显提升。

2. 粪便处理场选址和布局

（1）不应在下列区域内建设粪便处理场：水源保护地、风景名胜区、自然保护区；城市和城镇居民等人口聚集地；政府依法划定的禁养区域；国家或法律规定的其他保护地。

（2）若在禁建区附近建畜牧场处理区，应建立在禁建区常年主导的下风口或侧风向处，且与禁建区边界的最小距离不少于3千米。

（3）粪便处理区应和养殖区间的最小距离大于2 000米，且距功能地表水体400米以上。

（4）粪便处理区的地面要经过硬化、防渗透、径流，做好雨污分流等措施。

3. 粪便收集、储存和运输

（1）生产过程中应采用干清粪工艺，雨污分离，减少污染物排放。

（2）粪便贮存设施和养殖污水贮存设施应分别符合GB/T 27622《畜禽粪便贮存设施设计要求》和GB/T 26624《畜禽养殖污水贮存设施设计要求》。

（3）粪便处理区应和养殖区间的最小距离大于2 000米，且距具有使用功能的地表水体400米以上。

（4）粪便收集、储存过程中应防洒、防漏。

4. 粪便处理

（1）技术模式。一是减少排放量。推广使用微生物制剂、酶制剂等饲料添加剂，以及低氮、低磷、低矿物质饲料配方，提高饲料转化效率，促进兽药、铜与锌饲料添加剂减量使用，降低养殖排放。引导规模养殖场改水冲粪为干清粪，采用节水型饮水器或饮水分流装置，实行雨污分离、回收污水循环清粪等有效措施，从源头上控制养殖污水产生量。粪污全量利用的牛羊规模养殖场，采用水泡粪工艺的，应最大限度降低用水量。二是过程控制。规模养殖场根据土地承载能力确定适宜养殖规模，建设必要的粪污处理设施，使用堆肥发酵菌剂、粪水处理菌剂和臭气控制菌剂等，加速粪污无害化处理过程，减少氮磷和臭气排放。三是末端利用。牛羊的规模化养殖场以固体粪便为主，可进行固体粪便堆肥或建立集中处理中心，生产商品有机肥；奶牛等规模化养殖场宜采用粪污全量收集还田利用和"固体粪便堆肥+污水肥料化利用"等技术模式，推广快速低排放的固体粪便堆肥技术和水肥一体化施用技术，促进牲畜粪污就近就地还田利用。在此基础上，各区域应因地制宜，根据当地情况选择适宜的模式。

（2）固体粪便。宜采用反应器、静态垛式等好氧堆肥技术进行无害化处理，其堆体温度维持50℃以上的时间不少于7天，或45℃以上不少于14天。在粪便堆肥后应符合表2-8的卫生学要求。

表2-8　固体畜禽粪便堆肥处理卫生要求

项目	卫生学要求
蛔虫卵	死亡率≥95%
粪大肠菌群数	≤1×10^{5}个/千克
苍蝇	堆体周围不应有活的蛆、蛹或新羽化的成蝇

（3）液态粪便。宜采用氧化塘贮存后进行农田利用，或采用固液分离、厌氧发酵、好氧发酵及或其他生物处理等单一或组合技术进行无害化处理；厌氧发酵可采用常温、中温或高温处理工艺，

常温厌氧发酵处理水力停留时间不应少于30天，中温厌氧发酵不应少于7天，高温厌氧发酵温度维持（53±2）℃时间应不少于2天。厌氧发酵工艺设计应符合NY/T 1220.1《沼气工程设计规范 第1部分：工艺设计》的规定，工程设计应符合NY/T 1222《规模化畜禽养殖场沼气工程设计规范》的规定。经过处理后需要排放的液态部分应符合GB 18596《畜禽养殖业污染物排放标准》的规定。处理后的液体粪便，其卫生学指标应符合表2-9的卫生学要求，检验方法见表2-10。

表2-9 液体畜禽粪便厌氧处理卫生学要求

项目	卫生学要求
蛔虫卵	死亡率≥95%
钩虫卵	在使用粪液中不应检出活的钩虫卵
粪大肠菌群数	常温沼气发酵不超过1×10^5个/升，高温沼气发酵不超过100个/升
蚊子、苍蝇	粪液中不应有蚊蝇幼虫；池的周围不应有活的蛆、蛹或新羽化的成蝇

表2-10 卫生指标检验方法

项目	检验方法
粪大肠菌群	GB/T 19524.1《肥料中粪大肠菌群的测定》
蛔虫卵	GB/T 19524.2《肥料中蛔虫卵死亡率的测定》
钩虫卵	GB 7959《粪便无害化卫生要求》

5. 粪便处理后利用

粪便经无害化处理后直接还田利用的，应符合GB/T 25246《畜禽粪便还田技术规范》规定。生产有机肥料的，应符合NY 525《有机肥料》的规定。生产有机—无机复混肥的，应符合GB/T 18877

《有机—无机复混肥料》的规定。

(二) 病死牛羊的无害化处理

为切实加强动物疫病防控，保护生态环境，保障食品安全，促进畜牧业绿色发展，应全面提升病死畜无害化处理工作效率。病死牛羊的无害化处理，是从源头消灭病原菌，防止动物性疫病散播的有效途径、是重大动物疫病防控的关键环节，对促进整个畜牧业可持续发展，确保"国家中长期动物疫病防控规划"的有效落实，保障畜产品质量安全意义重大。

1. 认真履行相关法规

产生病死牛羊的畜牧场、相关生产企业与个人，应当依法履行无害化处理主体责任，按规定如实记录、报告病死牲畜情况，并承担病死牲畜委托或自行无害化处理的义务。无害化处理厂应承担病死牲畜和病害牲畜产品处置主体责任，应认真执行疫病防控、环境保护、食品安全等法律法规，如实记录、报告病死牲畜收集和处理情况，规范处置行为，提升信息化管理能力，强化全过程消毒等生物安全管控措施，确保符合动物防疫和环境保护要求。

2. 坚持集中处理

在做好动物疫病防控的前提下，原则上养殖场（户）的病死牲畜应委托专业无害化处理场集中处理。山区、牧区、边远地区等暂时不具备集中处理条件的地区自行处理的，要配备与养殖规模相适应的无害化处理设施设备。病死牲畜和病害牲畜产品应当按照农业农村部《病死及病害动物无害化处理技术规范》进行处理，逐步减少深埋、化尸窖、堆肥等处理方式，确保有效杀灭病原体，清洁安全，不污染环境。

3. 信息的记录和上报

养殖场（户）和屠宰企业应当按规定建立病死（害）牲畜死亡、委托送交处理或自行处理台账；无害化处理厂应当建立病死牲畜收集、转运、入场接收、处理以及处理后产物流向等台账，对病死牛羊应当清点头数并有计重记录，对病死家畜死胎、胎衣等应当有计重记录。

4. 提高无害化处理的信息化水平

无害化处理厂和自行处理的养殖场、屠宰企业，应对病死牲畜及其产品移交转运、入厂过磅、现场处理等重点环节或场所实施视频监控或留存视频，开展实时监管；专业运输车辆应安装GPS定位和视频监控，按照设定路线收集运输；无害化处理厂、自行处理的养殖场、屠宰企业和监管人员按照各自职责，及时准确书面和网上报送无害化处理数据和相关情况。

十、天然放牧牛羊

利用天然草原或人工草地放牧养牛，饲养管理程序简便，节省劳力和物力，饲养成本低，是种饲养牛羊的好方式，且牛羊在牧场上自由活动，接触阳光，呼吸新鲜空气和充分运动，能有效提高生产性能，对犊牛、羔羊还能起到适应气候条件和增强对疾病抵抗力等作用，有利于生长。因地制宜，依靠草原或草山草坡的饲料资源，采用牛羊放牧育肥，并根据目标和季节适当补饲精料，也能收到牛羊育肥出栏的良好效果。但要获取高的生产性能和经济效益，取决于两个条件，一是草场状况及其合理利用，二是放牧技术。

（一）草场的合理利用

草场的合理利用，就是既要充分利用牧草，而又不致草场践踏严重，利用过度，降低牧草再生能力而使草场退化。合理利用草场，一是要确定合适的载畜量，二是要采取划区轮牧，三是要对草场牧地轮换利用。

1. 载畜量

指在一定草场面积上的放牧时期内，不影响草场生产力和保证家畜正常生长情况下所能容纳放牧家畜的头数。如果草场的青草和灌木混合丛茂密旺盛，一般一只成年羊需要0.333公顷草场；否则需要0.667公顷草场。放牧养牛时，也可用牛的采食量、草地的产草量来确定载畜量，可按下式计算：

$$H=Y/R$$

式中，H为草地载畜量［公顷/（头·天）］；R为牛的青草采食量（千克/天）；Y为草场产草量（千克/公顷）。

牛每日青草采食量一般是：种公牛30～40千克；活重400～500千克的母牛及青年牛（包括妊娠牛）40～55千克；产乳量10～12千克的母牛45～55千克；1岁以内的小牛18～20千克；平均日增重600克育成牛25～30千克；活重400～500千克、日增重600克的肉牛50～60千克。

草地产草量应在未放牧前5天之内，选择若干有代表性的样区，小面积测定后估算出大面积的产草量。所在草场到底可养多少牛，应根据自己的草场质量进行仔细的估算。

2. 划区轮牧

是先把草场划分成季节牧场，然后把每个季节牧场再划分成若干个轮牧分区，按照合理的载畜量，使牛按照一定的顺序逐区放牧采食，轮回利用草场。

分区数目为轮牧周期除以每分区一次放牧时间。轮牧周期是指依次放牧全部分区所需要的时间。一般是干旱草场30～35天，荒漠草场30～50天，草甸及森林草场25～30天，高山、亚高山草场30～45天。每分区一次放牧时间一般为4～5天。分区的大小按产草量和牛群大小而定。一般优等草场每公顷放牛12～15头，中等草场8～12头，贫瘠草场3～4头。

3. 放牧地的轮换利用

是指在每个季节牧场内，各分区各年的利用时间和方式按照一定规律顺序变动，以避免年年在同一时间，以同样方式利用同一草场。轮换利用可提高草场生产力，清除品质不良和有害有毒植物，是合理利用草场的一种有效措施。

（二）放牧管理要点

利用天然草场养牛羊具有饲养成本低、病害少、效益好等优点，要充分利用每年的7—10月牧草茂盛时期，尤其要抓好牧草结籽期的放牧，并做好计划留足冬季草地或饲草。

1. 放牧要点

（1）根据草场情况，放牧时应采取不同的队形。在良好的草场上划区轮牧时，出牧和归牧要迎头压道控制牛群纵队行进，以免乱跑践踏牧草。进入草场后，将畜群控制成横队采食（俗称"一条鞭"）。放牧员一人在畜群前8~10米处面对畜群，控制和引导畜群前进，一人在后防止牛羊掉群。这样可保证牛羊充分采食而避免牧草被践踏浪费。

在牧草生长不均匀或质量差的草场放牧时，若采用横队前进就会使一些牛羊无草可食，则需改为散牧（俗称"满天星"），让牛羊在牧地上相对分散自由采食，在较大面积上单个牛羊同时都能采食较多的牧草。

（2）畜群在放牧过程中，初牧时采食时间多，比较安静，逐渐饱食后，游走时间随之增多，放牧员要控制畜群，防止行进过快而导致牧场利用不完全。为了充分利用草场，最好采用2次放牧方式，即在初牧时先到前一天放过的草地放牧，让牛羊饥饿时先吃残余牧草，吃完后再转到新的牧地放牧。大部分牛羊饱食后，会有卧息现象。此时可控制畜群停止前进，让其卧息或反刍，休息40~60分钟后，继续放牧。

（3）放牧时要根据天气情况，早晨及傍晚天气凉爽时或雨天，要顺风放牧；天气炎热时，要在地势高、通风好、凉爽的高山或平滩顶风放牧，但要避免阳光直射牛羊的眼睛；中午赶到凉爽地方卧息。夏季要早出牧，多采食带露水牧草。秋末蚊蝇多，牧草枯黄，要逐渐减少放牧时间。带霜牧草采食后容易引起腹泻或母畜流产，秋季要在霜消后出牧。

（4）要保证牛羊饮水并注意水源卫生，防止寄生虫病感染。在有条件的情况下，设置饮水槽是防止水源污染的好办法。牛羊饮水时，要注意管理，防止拥挤和角斗。

2. 放牧时的注意事项

（1）牛羊放牧饲养时，为了便于管理，应将畜群按性别、年龄、体重、营养状况、生产性能等分别组群。不能混群放牧，因为不同家畜的吃草方法、数量及速度各不相同。另外，公畜和母畜不能混群放牧。发情配种旺季，必须将公畜和母畜分群放牧，若混群放牧，不仅影响采食和休息，也会出现自由交配和重复交配现象，以致出现近亲和劣种遗传，既降低利用价值，又缩短使用年限。哺乳期、妊娠后期、育肥后期的牛群分配草质优良且较近的草场；育成牛、空怀牛、架子牛（包括种公牛）群分配草质较次和较远的草场。犊牛断奶后，即可随母牛一起放牧。放牧时，犊牛每头每天补0.25千克精料。6月龄断奶后至12月龄，白天放牧，晚间则应补饲精料0.5千克，加尿素、食盐各25克。短期放牧育肥适宜于从春天开始，出牧前，应对牧牛进行编号和分组，同时安排驱虫、修蹄和截除牛角。

（2）放牧饲养由舍饲转入放牧，要有过渡阶段，严防"抢青"拉稀，甚至造成母畜流产。舍饲牛羊在放牧前10~15天增加多汁饲料和青贮饲料的喂量，并增加舍外停留和运动时间，使其逐渐转向放牧，以免因环境和饲养条件的突然改变造成失重和疾病。开始放牧后,要逐渐延长放牧时间。完全放牧的牛群,全天放牧时间不得少于10小时,采食量大的牛群应在12小时以上。牧草稀疏低矮时,为使肉牛达到应有的采食量,也应延长放牧时间。根据季节和牛群情况,制定并严格执行出牧、归牧和补饲等的时间,以提高放牧效果。

(3)早春草太短和初冬草已粗硬时,牛一般吃不饱,特别是对育肥牛、妊娠后期母牛、哺乳牛及刚断乳的幼牛,要注意补饲。放牧后,干草、青贮料最好自由采食,必要时可补喂少量精料。草场条件不好、牧草产量不足时,也要进行补饲,特别是体弱、初胎和产犊的母牛,以补粗饲料为主,必要时补一定量的精料,每天补精料1~2千克,饮水5~6次。对于放牧的羊群,除合理放牧外,要进行适当补饲,尤其是配种公母羊、妊娠哺乳母羊、羔羊等,不能单纯靠放牧,必须适当补饲,补饲应符合NY/T 471—2018《绿色食品 饲料及饲料添加剂使用准则》要求。

(4)在有大量豆科牧草的草场(特别是栽培草地),放牧时间不得超过20分钟,也不能在露水未干时放牧,以防发生瘤胃臌胀。可先在其他牧场放牧,待快吃饱后再到豆科为主的草场放牧。此外,还要注意给畜群补充维生素、矿物质和食盐。

3. 肉牛放牧育肥方法

放牧育肥牛是以利用天然牧场为主的育肥方法。放牧育肥法饲养成本低,育肥效果好,尤其南方天然牧场可四季放牧。牛在150天左右的放牧育肥期中,本地牛日增重达0.5~0.7千克,肉用杂交牛日增重达0.8~1.2千克,5个月可增重100~180千克。

(1)放牧时间。放牧一般从5月开始,10月下旬结束(南方可延长时间),放牧时公牛、母牛分开,放牧方法可因地制宜。一般采取小群放牧方法较好,每群10头左右,夏季天热,蚊、蛇较多,影响牛的放牧采食，可上午早出早归，下午晚出晚归，中午多休息，尽量避开高温放牧。气候适宜时每日放牧2次，中午将牛群赶进棚圈或树荫下休息，每次放牧后饮水。5月和9月每天放牧12~13小时，6—8月每天放牧15~16小时，每天饮水3~4次。

（2）分群育肥。一般30~50头一群较好。牛群的组群原则是同质性要高，即同一群放牧牛，性别、年龄、体重、膘情等方面要基本一致，一致程度越高，生产效果越好，否则，就会影响育肥牛的增重，例如，在阉牛群中放入母牛则牛群不能安静。不同年龄的牛不仅对植被的爱好有别，而且采食能力、耐劳程度、游走速度也不相同，混群放牧易导致采食量较大差异而影响育肥效果。不同体重牛要求草场的面积不同，要根据体重合理配置。

（3）合理放牧。南方地区可全年放牧育肥，北方每年5—9月可作为放牧育肥期。放牧的最好季节是牧草结籽期，每天应不少于12小时放牧，至少补水1次，同时注意补盐。放牧期夜间最好能补饲适量混合精料。如果有条件，每天补给精料量为育肥牛活重的1%，补饲后要保证饮水。

（4）在管理上要有专人负责。要饮用清洁水，不饮非活动水源的水；不到低洼处放牧，以防感染寄生虫病；防止烈日暴晒和雨淋；放牧时要看管好牛群，防止误食打过农药的作物。

4. 肉羊放牧育肥方法

相对于肉牛，肉羊育肥较为简单。把待育肥的羊，按年龄、体格、性别、体况分群，进行放牧肥育的准备。肥育前，先将不作种用的公羔及淘汰公羊去势，同时要驱虫、药浴和修蹄。育肥期一般在8—10月进行，此时牧草生长茂盛，营养丰富，气候适宜，羊只抓膘，肥育效果好。一般放牧抓膘60~120天。有条件的给予精料的适当补饲，成年肉羊可增重20%~40%，羊羔体重成倍增长。

第三章
绿色食品牛羊产品申报要求

一、绿色食品申报条件

（一）申请人条件

1. 基本条件

（1）能够独立承担民事责任。如企业法人、农民专业合作社、个人独资企业、合伙企业、家庭农场等，国有农场、国有林场和兵团团场等生产单位。

（2）具有稳定的生产基地。

（3）具有绿色食品生产的环境条件和生产技术。

（4）具有完善的质量管理体系，并至少稳定运行1年。

（5）具有一定生产规模（例如，肉牛年出栏量、奶牛牛存栏量达到500头以上；肉羊年出栏量达到2 000头以上）。

（6）具有与生产规模相适应的生产技术人员和质量控制人员。

（7）申请前3年内无质量安全事故和不良诚信记录。

（8）与绿色食品工作机构或检测机构不存在利益关系。

2. 委托生产的申请人条件

委托生产指申请人不能独立完成申请产品种植、养殖、加工（包括农产品初加工、深加工、分包装）全部环节的生产，而需要把部分环节委托他人完成的生产方式，具体要求见图3-1。

我是一家肉牛屠宰、加工、销售公司,有自己的屠宰场和加工厂,肉牛是委托一家肉牛养殖专业合作社饲养,申报时有什么要求?

实行委托养殖的加工业申请人应与养殖公司、合作社、农户或其他单位签订绿色食品委托养殖合同或协议,规定委托方养殖规程符合绿色食品生产要求,建立长期稳定合作关系。

鼓励具备饲料种植加工、牛羊养殖、牛羊屠宰加工的全产业链生产企业申报绿色食品。经营范围仅有屠宰、加工,牛羊无固定来源的加工企业申报绿色食品暂不受理。

我是一家牛羊养殖家庭农场,有自己的养殖场,牛羊全部在农区养殖场养殖,可以申报吗?

公司自主经营、公司+基地+合作社、公司+基地+农户,完全草原放牧、半放牧半饲养和农区养殖场养殖的,可以申请绿色食品。

专业合作社、家庭农场、农户等经营主体除完全草原放牧外,其他饲养方式的暂不受理绿色食品申请。

图 3-1 委托生产的申报要求

3.总公司及其子公司、分公司申报条件

(1)总公司或子公司可独立作为申请人单独提出申请。

(2)"总公司+分公司"可作为申请人,分公司不可独立申请。

(3)总公司可作为统一申请人,子公司或分公司作为其加工场所。

（二）申请产品条件

申请产品应满足以下基本条件。

（1）应符合《中华人民共和国食品安全法》和《中华人民共和国农产品质量安全法》等法律法规规定。

（2）属于《绿色食品产品标准适用目录》内的产品。

（3）产品本身属于卫生部[①]发布的"可用于保健食品的物品名单"中的产品，需取得国家相关保健食品或新食品原料的审批许可后方可进行申报。

（4）产品产地环境符合绿色食品产地环境质量标准。

（5）投入品（如兽药、饲料等）使用符合绿色食品投入品使用准则。

（6）产品质量符合绿色食品产品质量标准。

（7）包装贮运符合绿色食品包装贮运标准。

（三）相关绿色食品标准

申报绿色食品必须要学习绿色食品标准。已出版的绿色食品标准汇编图书见图3-2。与绿色食品牛羊产品相关的主要标准如下。

NY/T 391—2021《绿色食品　产地环境质量》

NY/T 471—2018《绿色食品　饲料及饲料添加剂使用准则》

NY/T 472—2013《绿色食品　兽药使用准则》

NY/T 473—2016《绿色食品　畜禽卫生防疫准则》

NY/T 658—2015《绿色食品　包装通用准则》

NY/T 1056—2021《绿色食品　贮藏运输准则》

NY/T 657—2021《绿色食品　乳制品》

NY/T 2799—2015《绿色食品　畜肉》

---

① 中华人民共和国卫生部，全书简称卫生部。经2013年和2018年两次国务院机构改革，国家卫生职责现由中华人民共和国卫生健康委员会承担。

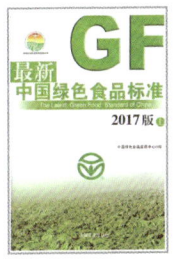 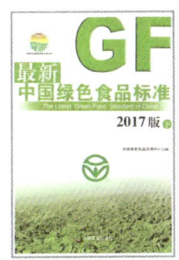

图 3-2　绿色食品标准汇编

二、绿色食品申报流程

（一）申请前准备

为不断提高绿色食品企业内部质量管理能力和标准化生产水平，保障绿色食品产品质量和品牌信誉，中国绿色食品发展中心已将绿色食品企业内部检查员（以下简称内检员）作为绿色食品标志许可的前置申报基本条件。申请人需安排负责绿色食品生产和质量安全管理的专业技术人员或管理人员登录"绿色食品内检员培训管理系统"（http://px.greenfood.org/login）参加绿色食品相关培训，并获得内检员注册资格。

1. 内检员资格条件

（1）遵纪守法，坚持原则，爱岗敬业。

（2）具有大专以上相关专业学历或者具有两年以上农产品、食品生产、加工、经营经验，熟悉本企业的管理制度。

（3）热爱绿色食品事业，熟悉农产品质量安全有关的国家法律、法规、政策、标准及行业规范；熟悉绿色食品质量管理和标志管理的相关规定。

（4）应完成绿色食品相关培训，并经考试合格。

2. 内检员职责要求

（1）宣贯绿色食品标准。

（2）按照绿色食品标准和管理要求，落实绿色食品标准化生产，参与制定本企业绿色食品质量管理体系、生产技术规程，协调、指导、检查和监督企业内部绿色食品原料采购、基地建设、投入品使用、产品检验、标志使用、广告宣传等工作。

（3）指导企业建立绿色食品生产、加工、运输和销售记录档案，配合各级绿色食品工作机构开展绿色食品现场检查和监督管理工作。

（4）负责企业绿色食品相关数据及信息的汇总、统计、编制，以及与各级绿色食品工作机构的沟通工作。

（5）承担本企业绿色食品证书和《绿色食品标志商标使用许可合同》的管理，以及申报和续展工作。

（6）组织开展绿色食品质量安全内部检查及改进工作；开展对企业内部员工有关绿色食品知识的培训。

3. 内检员培训要求

（1）绿色食品内检员采取课堂培训与网上培训相结合的培训制度。

（2）首次注册的内检员必须参加课堂培训。注册的内检员每年需完成网上培训内容，并考试合格。

（3）经过培训并考试合格的内检员由中国绿色食品发展中心统一注册并颁发"绿色食品企业内部检查员证书"。

（二）基本环节

申请使用绿色食品标志通常需要经过8个环节：①申请人提出申请；②绿色食品工作机构受理审查；③检查员现场检查；④产地环境和产品检测；⑤省级工作机构初审；⑥中国绿色食品发展中心综合审查；⑦绿色食品专家评审；⑧发布颁证决定（图3-3）。

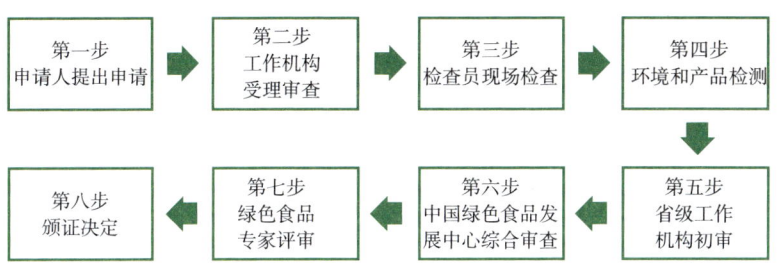

图 3-3 绿色食品标志申请许可流程

(三) 流程详解

1. 第一步：申请人提出申请

（1）工作时限：申请人至少在产品收获前3个月，向所在地绿色食品工作机构提出申请。

（2）申请方式：①登录"中国绿色食品发展中心"网站（http://www.greenfood.org.cn/），下载《绿色食品标志使用申请书》及相关调查表（图3-4）。②向省级工作机构提交申请。绿色食品省级工作机构和定点检测机构的联系方式，可登录"中国绿色食品发展中心"网站查询。

图 3-4 绿色食品标志申请表格下载页面

2. 第二步：绿色食品工作机构受理审查

（1）工作时限：绿色食品工作机构自收到申请材料之日起10个工作日内完成材料受理审查。

（2）审查结果通知方式：绿色食品省级工作机构会重点审查申请人和申报产品条件和申请材料的完备性，向申请人发出《绿色食品申请受理通知书》，可能会有以下3种情况。①如材料审查合格，可以进入下一步程序，《绿色食品申请受理通知书》将告知申请人"材料审查合格，现正式受理你单位提交的申请。我单位将根据生产季节安排现场检查，具体检查时间和检查内容见《绿色食品现场检查通知书》"。②如申请材料不完备，仍需要尽快补充，《绿色食品申请受理通知书》将告知申请人"申请材料不完备，请你单位在收到本通知书__个工作日内，补充以下材料：……材料补充完备后，我单位将正式受理你单位提交的申请"。③如材料审查不合格，《绿色食品申请受理通知书》将告知申请人"材料审查不合格，本生产周期内不再受理你单位提交的申请"。

3. 第三步：检查员现场检查

（1）工作时限与执行方式：在材料审查合格后45个工作日内，绿色食品省级工作机构会组织至少两名检查员对申请人产地进行现场检查。

（2）检查时间：申报产品生产期内。

（3）检查环节：首次会议、实地检查、查阅文件记录、随机访问、总结会。

（4）企业人员：现场检查时相关企业人员须在场，包括申报单位主要负责人、生产负责人、技术人员和企业内检员。

（5）检查结果：形成《绿色食品现场检查报告》；绿色食品省级工作机构向申请人发出《现场检查意见通知书》。可能会有以下两种情况。①如现场检查合格，可以进入下一步环节，《现场检查意见通知书》将告知申请人"现场检查合格，请持本通知书委托绿色食品环境与产品检测机构实施检测工作"，同时，将告知申请人需要进行环境检测的检测项目，以及产品检测的检测标准。②如现场检查不合格，《现场检查意见通知书》将告知申请人"现场检查不合格，本生产周期内不再受理你单位的申请"。

4. 第四步：产地环境和产品检测

（1）检测依据：申请人按照《绿色食品现场检查意见通知书》要求，委托检测机构对产地环境、产品进行检测和评价。

（2）检测时限：环境检测自抽样之日起30个工作日内完成；产品检测自抽样之日起20个工作日内完成。

（3）检测单位：中国绿色食品发展中心指定的检测机构。全国共有95家（2021年）绿色食品检测机构。

（4）检测结果报送绿色食品省级工作机构和申请人。

（5）检测要求：检测报告符合绿色食品标准要求。

5. 第五步：省级工作机构初审

（1）工作依据与工作时限：绿色食品省级工作机构自收到《绿色食品现场检查报告》《环境质量监测报告》和《产品检验报告》之日起20个工作日内完成初审。

（2）初审内容要求：申报材料完备可信、现场检查报告真实规范、环境和产品检验报告合格有效。

（3）初审合格报送中国绿色食品发展中心，同时完成网上报送。

6. 第六步：中国绿色食品发展中心综合审查

（1）工作时限：中国绿色食品发展中心自收到省级工作机构报送的申请材料之日起30个工作日内完成综合审查。

（2）审查结果：提出审查意见，并通过省级工作机构向申请人发出《绿色食品审查意见通知书》，审查结果可能有4种情况。①需要补充材料的，申请人应在《绿色食品审查意见通知书》规定时限内补充相关材料,逾期视为自动放弃申请。②需要现场核查的,由中国绿色食品发展中心委派检查组再次进行检查核实。③审查不合格的,一般存在材料造假、违规使用投入品、产品质量不合格等严重问题,提交中国绿色食品发展中心主任审批并发送《绿色食品标志许可审查通知书》。④审查合格的,中国绿色食品发展中心将组织召开绿色食品专家评审会,进入专家评审。

7. 第七步:绿色食品专家评审

(1)召开专家评审会:中国绿色食品发展中心在完成综合审查的20个工作日内组织召开专家评审会。

(2)做出颁证决定:专家评审意见是最终颁证与否的重要依据。中国绿色食品发展中心根据专家评审意见,在5个工作日内做出颁证决定。

8. 第八步:颁证决定

做出颁证决定后,申请人须与中国绿色食品发展中心签订《绿色食品标志使用合同》,并领取绿色食品证书(图3-5)。

图3-5 绿色食品标志使用证书

三、绿色食品申报材料内容和要求

（一）绿色食品牛羊产品申报材料清单

绿色食品牛羊产品申报材料清单如下。

（1）《绿色食品标志使用申请书》
（2）《畜禽产品调查表》
（3）资质证明文件（如屠宰许可证、防疫许可证，野生动物驯养繁殖许可证等）
（4）质量控制规范
（5）生产技术规程（应包括养殖、屠宰等）
（6）养殖基地位置图、养殖场所布局平面图（天然放牧的，应提供草场使用证明）
（7）基地来源及相关权属证明
（8）生产记录（续展申请人提供）
（9）预包装食品标签设计样张（仅预包装产品提供）
（10）环境质量检测报告
（11）产品检验报告
（12）中国绿色食品发展中心要求提供的相关文件
（13）国家农产品质量安全追溯管理信息平台注册证明
注意：申请人要提前准备好营业执照，绿色食品检查员现场检查时会进行现场核实。

（二）《绿色食品标志使用申请书》和《畜禽产品调查表》的填写注意事项

1.《绿色食品标志许可申请书》填写注意事项

《绿色食品标志许可申请书》适用于所有绿色食品申报产品。主要包括申请人基本情况、申请产品基本情况和申请产品销售情况三部分内容，具体填写注意事项如下。

【申请书页面】

绿色食品标志使用申请书

初次申请☐ 续展申请☐ 增报申请☐①

申请人（盖章）_____
申 请 日 期____年___月___日

中国绿色食品发展中心

【填写注意事项】

①"初次申请"是指申请人第一次申请绿色食品标志使用权；"续展申请"是指已获得的绿色食品证书有效期满，需要继续使用绿色食品标志，在证书有效期满3个月前向绿色食品省级工作机构提出的申请；"增报申请"是指企业在已获证产品的基础上，申请在其他产品上使用绿色食品标志或增加已获证产品产量（如增报申请时，伴随已有产品续展应同时勾选续展申请，否则同时勾选初次申请）。

第三章

绿色食品牛羊产品申报要求

【申请书页面】

填 表 说 明

1. 本申请书一式三份，中国绿色食品发展中心、省级工作机构和申请人各一份。
2. 本表应如实填写，所有栏目不得空缺，未填部分应说明理由。
3. 本申请书无签名、盖章无效。
4. 申请书的内容可打印或用蓝、黑钢笔或签字笔填写，语言规范准确、印章（签名）端正清晰。
5. 申请书可从中国绿色食品发展中心网站下载，用A4纸打印。
6. 本申请书由中国绿色食品发展中心负责解释。

【申请书页面】

保 证 声 明

我单位已仔细阅读《绿色食品标志管理办法》有关内容，充分了解绿色食品相关标准和技术规范等有关规定，自愿向中国绿色食品发展中心申请使用绿色食品标志。现郑重声明如下：

1. 保证《绿色食品标志使用申请书》中填写的内容和提供的有关材料全部真实、准确，如有虚假成分，我单位愿承担法律责任。
2. 保证申请前三年内无质量安全事故和不良诚信记录。
3. 保证严格按《绿色食品标志管理办法》、绿色食品相关标准和技术规范等有关规定组织生产、加工和销售。
4. 保证开放所有生产环节，接受中国绿色食品发展中心组织实施的现场检查和年度检查。
5. 凡因产品质量问题给绿色食品事业造成的不良影响，愿接受中国绿色食品发展中心所作的决定，并承担经济和法律责任。

法定代表人（签字）： 　　　　　　　　　　申请人（盖章）：

　　　　　　　　　　　　　　　　　　　　　　　　年　月　日

【申请书页面】

一　申请人基本情况

申请人（中文）				
申请人（英文）②				
联系地址③			邮编	
网址②				
统一社会信用代码④				
食品生产许可证号⑤				
商标注册证号⑥				
企业法定代表人	座机		手机	
联系人③	座机		手机	
内检员⑦	座机		手机	
传真②	E-mail②			
龙头企业⑧	国家级□	省（市）级□		地市级□
年生产总值⑨（万元）		年利润⑨（万元）		
申请人简介				

注：申请人为非商标持有人，需附相关授权使用的证明材料。

【填写注意事项】

②"申请人（英文）""网址""传真""E-mail"如无可不填写。

③"联系地址""联系人"等用于审查意见下发、合同寄送，务必填写真实有效的地址。

④"统一社会信用代码"填写营业执照中有效代码，总公司和分公司一同申报需填写总公司和分公司两者的统一社会信用代码并注明。

⑤"食品生产许可证号"填写食品生产许可证中代码，如委托加工，应填写委托加工企业食品生产许可证中代码并注明。

⑥如申请人在申请产品上使用商标，应提供该商标的商标注册证号，如为授权使用，还应在材料中提供商标注册人的授权使用合同、说明等材料。

⑦内检员需在"绿色食品内检员培训管理系统"中参加培训，并获得证书，同时挂靠申请人单位。

⑧"龙头企业"分为国家级、省（市）级和地市级，如不涉及可不勾选。

⑨"年生产总值"和"年利润"填写申请人所有产品的年生产总值和年利润。

【申请书页面】

二　申请产品基本情况

产品名称⑩	商标⑪	产量（吨）⑫	是否有包装⑬	包装规格⑭	绿色食品包装印刷数量⑮	备注

注：续展产品名称、商标变化等情况需在备注栏中说明。

【填写注意事项】

⑩"产品名称"是颁发绿色食品证书的重要依据，应在申请材料中保持一致并与产品包装标签（如有）一致。产品名称应符合国家现行标准或规章要求。

⑪"商标"应与商标注册证一致。若有图形、英文或拼音等，应按"文字＋拼音＋图形"或"文字＋英文"等形式填写；若一个产品同一包装标签中使用多个商标，商标之间应用顿号隔开。同一产品可同时使用两个或两个以上的商标，应注明"商标A"或"商标A+商标B"。同一产品名称的产品，使用不同商标按照不同产品申报，如"商标A牌牛肉""商标A+商标B牌牛肉""商标B牌牛肉"。

⑫"产量"应为该产品各种物理包装规格年产总和。

⑬如填写"有包装"应在材料中提供产品包装标签复印件。

⑭"包装规格"指同一产品不同包装重量的规格，如500克、2 000克等。

⑮"绿色食品包装印刷数量"应分不同规格填写。

【申请书页面】

三　申请产品销售情况

产品名称	年产值（万元）	年销售额（万元）	年出口量（吨）⑯	年出口额（万美元）⑯

填表人（签字）：　　　　　　　　　内检员（签字）：

注：内检员适用于已有中国绿色食品发展中心注册内检员的申请人。

【填写注意事项】

⑯"年出口量""年出口额"如不涉及不填写。

2.《畜禽产品调查表》填写注意事项

《畜禽产品调查表》要求申请人真实反映申报产品的养殖管理情况,具体填写注意事项如下。

【调查表页面】

畜禽产品调查表

申请人(盖章)_____

申请日期____年___月___日

中国绿色食品发展中心

【调查表页面】

填 表 说 明

一、本表适用于畜禽养殖、生鲜乳及禽蛋收集等。

二、本表一式三份,中国绿色食品发展中心、省级工作机构和申请人各一份。

三、本表应如实填写,所有栏目不得空缺,未填部分应说明理由。

四、本表无签字、盖章无效。

五、本表的内容可打印或用蓝、黑钢笔或签字笔填写,语言规范准确、印章(签名)端正清晰。

六、本表可从中国绿色食品发展中心网站下载,用A4纸打印。

七、本表由中国绿色食品发展中心负责解释。

【调查表页面】

一 养殖场基本情况				
畜禽名称①		养殖面积②	放牧场所（万亩）	
			栏舍（米²）	
基地位置③				
养殖场基本情况				
养殖场是否在无规定疫病区域？④				
养殖场是否距离交通要道、城镇、居民区、医院和公共场所2千米以上？				
养殖场是否距离垃圾处理场和风景旅游区5千米以上？				
天然牧场周边是否有矿区？				
请简要描述养殖场周边情况				

注：相关标准见《绿色食品 畜禽卫生防疫准则》（NY/T 473）。

【填写注意事项】

①"畜禽名称"填写畜产品或畜产品原料名称，如牛、羊。应按不同畜产品名称分别填写。

②"养殖面积"应按不同畜产品分别填写，相互对应且与实际相符合。

③"基地位置"应填写养殖场或牧场位置，具体到村，5个以上的可另附基地清单。对于养殖场分散、环境差异较大的，应分别描述。

④目前，农业农村部已发布公告的区域是：吉林省免疫无口蹄疫区（中华人民共和国农业部公告 第2613号），胶东半岛免疫无口蹄疫区和免疫无高致病性禽流感区（中华人民共和国农业部公告 第2413号），海南省免疫无口蹄疫区（中华人民共和国农业部公告 第1307号），广州亚运无规定马属动物疫病区（中华人民共和国农业部公告第1291号）。不在无规定疫病区的填写"否"，并需制定针对当地易发流行性疾病制定相关防疫和扑灭净化制度。

【调查表页面】

二　养殖场基础设施

养殖场是否有相应的防疫设施设备，请具体说明[5]	
养殖场房舍照明、隔离、加热和通风等自动化设施是否齐备且符合要求？请具体说明	
是否有粪尿沟及粪污处理设施设备？	
是否有畜禽活动场所和遮阴设施？	
请说明养殖用水来源[6]	

三　养殖场管理措施

养殖场内净道和污道是否分开？生产区和生活区是否严格分开？	
养殖场是否定期消毒？请描述使用消毒剂名称、用量、使用方法和时间	
是否建立了规范完整的养殖档案？	
是否存在平行生产？如何有效隔离？[7]	

【填写注意事项】

[5] 说明是否具备相应的防疫设施设备，如消毒池、紫外线灯、冷冻设备、喷雾器、无害化处理设备、污水污物处理设备、隔离舍等。

[6] 具体说明畜饮用水，以及畜舍、畜体和设施的清洗、消毒用水来源。

[7] "平行生产"是指养殖场除养殖申请绿色食品的牛羊产品外，还养殖其他常规产品。如存在，填"是"并填写有效隔离措施；如养殖场全部申请绿色食品畜产品则填"否"。

【调查表页面】

四 畜禽饲料及饲料添加剂使用情况

畜禽名称		养殖规模⑧	
品种名称⑨		幼畜（禽雏）来源⑩	
年出栏量及产量		养殖周期⑪	

生长阶段 饲料及 饲料添 加剂⑫	用量 （吨）⑬	比例 （％）⑭	用量 （吨）	比例 （％）	用量 （吨）	比例 （％）	用量 （吨）	比例 （％）	年用量 （吨）⑮	来源⑯
外购的商品混合饲料（如配合饲料、浓缩料、精补料、核心料、预混合饲料等）										
本场自行添加的饲料原料（如牧草、青干草、鲜草、青贮饲料等粗饲料，以及玉米、麸皮、棉籽等大宗精料原料）										
本场自行添加的饲料添加剂										

1. 使用酶制剂、微生物、多糖、寡糖、抗氧化剂、防腐剂、防霉剂、酸度调节剂、黏结剂、抗结块剂、稳定剂或乳化剂应填写添加剂具体通用名称。
2. 每一类饲料或饲料添加剂，表格不足可自行添加。

注：1. 相关标准见《绿色食品 饲料及饲料添加剂使用准则》（NY/T 471）。
　　2. 养殖周期及生长阶段应包括从幼畜（幼雏）到出栏。

【填写注意事项】

⑧ "养殖规模"指申报畜产品的存栏量，并说明单位。
⑨ "品种名称"应具体到种，如荷斯坦奶牛、牦牛、小尾寒羊等。
⑩ "幼畜（禽雏）来源"应填写自繁或外购来源单位。
⑪ "养殖周期"填写从幼畜进场开始养殖到出栏所需的时间（肉类产品等）或从进场到淘汰的时间（奶牛等）。
⑫ "饲料及饲料添加剂"按照外购商品混合饲料、自行添加的饲料原料和饲料添加剂分别填写，并填写出详细成分，如豆粕、青贮玉米、维生素等。
⑬ "用量"填写该生长阶段该项目的总用量。
⑭ "比例"指该生长阶段该项目用量占所有饲料或饲料添加剂总和的比例。
⑮ "年用量（吨）"指该项目在不同生长阶段的全年总用量。
⑯ "来源"填写饲料生产单位、基地名称或"自给"等。

【调查表页面】

五　发酵饲料加工（含青贮、黄贮、发酵的各类饲料）

原料名称	年用量（吨）	添加剂名称⑰	贮存及防霉处理方法⑱

六　饲料加工和存贮

工艺流程及工艺条件⑲	
是否建立批次号追溯体系？	
饲料存贮过程采取何种措施防潮、防鼠、防虫？⑳	
请说明如何防止绿色食品与非绿色食品饲料混淆㉑	

【填写注意事项】

⑰ "添加剂名称"填写通用名称。

⑱ "贮存及防霉处理方法"填写具体处理方法，如采用专用仓库贮存、裹包青贮、窖贮等。

⑲ "工艺流程及工艺条件"填写自制加工饲料的加工工艺流程及所需要的工艺条件。

⑳ 填写饲料存贮过程中采取的防潮、防鼠、防虫措施，如垫板隔离堆放、设置挡鼠板、放置捕鼠夹、窗户加置纱窗等。使用药剂的，应填写药剂名称及使用方法。

㉑ 填写防混措施，如无平行生产，则填写"全部为绿色食品饲料，无平行生产"。

【调查表页面】

七　畜禽疫苗和药物使用情况

畜禽名称				
疫苗使用情况				
疫苗名称[22]	疫苗类型		批准文号	
兽药使用情况				
兽药名称[22]	批准文号	用途	使用时间	停药期

注：1. 相关标准见《绿色食品　兽药使用准则》（NY/T 472）；
　　2. 疫苗类型栏填写灭活疫苗、减毒疫苗、基因工程疫苗等。

八　畜禽、生鲜乳收集

待宰畜禽如何运输？请说明[23]	
生鲜乳如何收集？收集器具如何清洗消毒？生鲜乳如何储存、运输？[23]	
请就上述内容，描述绿色食品与非绿色食品的区分管理措施	

【填写注意事项】

[22] "疫苗名称""兽药名称"填写通用名称。
[23] 有药剂使用的，应填写药剂名称及使用方法。

【调查表页面】

九 禽蛋收集、包装、储藏和运输

禽蛋如何收集、清洗？	
如何包装？	
包装车间、设备的清洁、消毒、杀菌方式方法[24]	
包装材料（来源、材质）及使用情况	□可重复使用　□可回收利用　□可降解
包装过程中车间、设备所需使用的清洗、消毒方法及物质[24]	
库房是否能满足需要及类型（常温、冷藏或气调等）	
申报产品是否与常规产品同库储藏？如是，请简述区分方法	
运输情况（工具、措施等）	
请就上述内容，描述绿色食品与非绿色食品的区分管理措施	

注：相关标准见《绿色食品　包装通用准则》（NY/T 658）和《绿色食品　贮藏运输准则》（NY/T 1056）。

十 资源综合利用和废弃物处理

养殖场是否具备有效的粪便和污水处理系统？是否实现了粪污资源化利用？	
养殖场对病死畜禽如何处理？请具体描述[25]	

填表人（签字）：　　　　　　　　　　内检员（签字）：

注：内检员适用于已有中国绿色食品发展中心注册内检员的申请人。

【填写注意事项】

[24] 有药剂使用的，应填写药剂名称及使用方法。

[25] 应按照《农业农村部　财政部关于进一步加强病死畜禽无害化处理工作的通知》（农牧发〔2020〕6号）的要求建立有效的病死及病害动物无害化处理制度措施，相关处理技术应符合《病死及病害动物无害化处理技术规范》（农医发〔2017〕25号）要求。委托第三方进行集中无害化处理的，应提供《防疫条件合格证》、委托合同及无害化处理记录。

（三）资质证明材料要求

申请绿色食品标志需要提供的资质证明材料主要包括营业执照、商标注册证、动物防疫条件合格证、屠宰许可证等，重点证明申请人所从事的生产具有合法资质，并具有相应的生产能力。对于牛羊产品的申请人资质证明材料主要是营业执照、动物防疫条件合格证，涉及使用商标的申请人还要提供商标注册证。

1. 营业执照（图 3-6）

（1）营业执照中的主体名称（绿色食品申请人）为企业法人、农民专业合作社、个人独资企业、合伙企业、家庭农场、国有农场、国有林场或兵团团场等生产单位。

（2）绿色食品申请日期距营业执照中的成立日期已满1年。

（3）申请人经营正常、信用信息良好，未列入经营异常名录、严重违法失信企业名单。

（4）经营范围应涵盖牛羊养殖、牛羊产品生产经营等相关行业。

（5）申请人无须提交纸质营业执照复印件，检查员现场检查核实。

企业信用信息公示系统网址：http：//gsxt.salc.gov.cn。

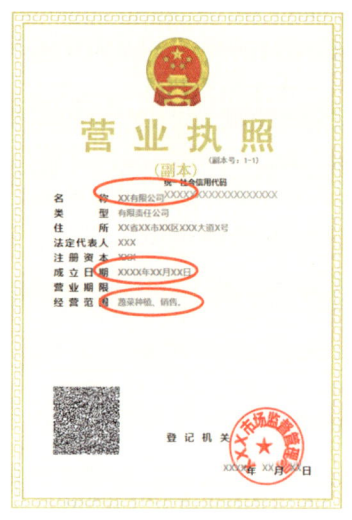

图 3-6 营业执照核实内容示例

2. 动物防疫条件合格证（图 3-7）

（1）单位名称应与绿色食品申请人一致。

（2）经营范围应涵盖牛羊养

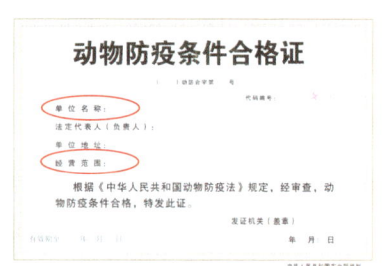

图 3-7 动物防疫条件合格证核实内容示例

殖等相关行业。

（3）应在有效期内。

3. 商标注册证（图3-8）

（1）商标注册人应与绿色食品申请人一致。授权使用的商标应提交商标授权使用合同或协议。

（2）商标注册范围属于"核定使用商品"第31类并涵盖申报产品。

（3）商标应在注册有效期内。

（4）受理期、公告期的商标应按无商标申报绿色食品，待正式取得商标注册证后可向中国绿色食品发展中心申请免费变更商标。

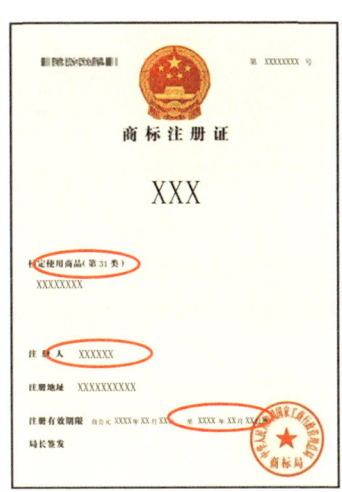

图3-8　商标注册证核实内容示例

（5）申请人无须提交纸质商标注册证复印件，检查员现场检查核实。

4. 有效期内的绿色食品企业内检员资格证书复印件（图3-9）

内检员所在企业名称应与绿色食品申请人一致。

（四）绿色食品质量控制规范

绿色食品质量控制规范是绿色食品企业内部为规范绿色食品生产过程并保证绿色食品产品质量所制定的质量管理制度和活动规范，是企业绿色食品质量控制体系建立和有效运行的重要指导依据。

1. 编制原则

在制定绿色食品质量控制规范

图3-9　绿色食品企业内检员资格证书核实内容示例

时应遵循以下原则。

（1）应符合国家农产品质量安全、食品安全、绿色食品有关法律法规、政策。

（2）应符合本单位组织模式、生产规模、质量管理能力。

（3）应注重制度规范的系统性、协调性和有效性，同时结合质量控制体系的运行情况和相关标准更新情况，不断修订、完善质量管理制度体系，持续提升绿色食品质量控制体系的有效性。

（4）应重点体现绿色食品"从土地到餐桌"的全程质量管理要求，覆盖绿色食品生产所有主要质量控制环节，规范绿色食品生产的产前、产中和产后全过程的管理。

（5）可引进和实施ISO 9000、ISO 14000，以及以预防为主的食品安全控制体系——危害分析关键控制点（HACCP）等内容。应重点围绕"生产环境—投入品供应、管理—投入品使用—产品收获及初加工—产品检验—产品包装、贮藏运输"等主要环节和关键控制点，制定绿色食品质量控制措施。

2. 应制定的重点制度及内容（九大制度）

（1）建立质量责任制。申请人应根据绿色食品主体类型和组织模式，建立科学合理、分工明确的绿色食品生产管理组织架构，明确质量管理组织职责。应设立一名绿色食品内检员，重点负责绿色食品质量控制相关工作。

（2）基地（农户）管理制度。建立基地清单、农户清单、农户档案，存在50户以上农户时，应建立基地内控组织（基地内部分块管理），并制定相关管理制度。基地和所有农户应实行"统一供种、统一投入品、统一培训、统一操作、统一管理、统一收购"的"六统一"制度。

（3）投入品供应及使用制度。包括生产资料等采购、使用、仓储、领用制度。

（4）生产过程管理制度。包括引种繁殖、饲养管理、疾病防治、牛羊产品屠宰/生鲜乳收集、包装仓储、运输配送等相关管理制度。

（5）环境保护制度。包括基地环境监测保护制度、废弃物（病死及病害畜处理）管理制度等。

（6）区分管理制度。如存在绿色食品和常规产品平行生产的情况，还应针对每个生产管理环节制定区分管理制度，防止绿色食品和常规产品混淆。

（7）培训与考核制度。包括绿色食品培训制度，同时针对绿色食品标准执行情况和质量控制情况建立考核制度等。

（8）内部检查及检测制度。包括质量安全检查制度、残次品处置制度、产品质量检测制度、质量事故报告和处理制度等。

（9）质量追溯管理制度。应按照"生产有记录，流向可追踪、信息可查询、质量可追溯"的要求，建立质量追溯管理制度和绿色食品全过程生产记录。

（五）生产技术规程

绿色食品生产技术规程是指导和落实绿色食品标准化生产的重要技术资料，是申请人计划、组织和控制绿色食品生产全过程和保证绿色食品产品质量的重要依据。

1. 编写原则

（1）应由申请人结合本单位生产实际和绿色食品标准要求，自主编制或在有关技术部门指导协助下编制完成，不能用国家标准、行业标准、地方标准或技术资料代替。

（2）申请人应因地制宜，根据牛羊产品的种类、养殖特点、环境条件、设施水平、技术水平等综合因子，分类编制具备科学性、可操作性、实用性的生产技术规程。

（3）应按照绿色食品相关标准和全过程质量控制要求制定，

产地环境、投入品、养殖技术、饲养管理、疾病防治、产品收获、屠宰加工、包装贮运等每个生产过程和技术环节要符合绿色食品标准和生产技术要求。例如,疾病防控应充分体现绿色防控的技术特点,应按《中华人民共和国动物防疫法》的规定进行动物疾病的防治,在养殖过程中尽量不用或少用药物;确需使用兽药时,应在执业兽医指导下进行;饲料和饲料添加剂的使用应对养殖动物机体健康和环境无不良影响,所生产的动物产品品质优,对消费者健康无不良影响,提倡优先使用微生物制剂、酶制剂、天然植物添加剂和有机矿物质,限制使用化学合成饲料和饲料添加剂。

2. 编写重点

(1)立地条件及环境质量。基地选址、地块条件及隔离情况、基地及周边环境质量等应符合NY/T 391、NY/T 1054要求。

(2)畜种选择与繁育。自繁自育的应包括亲本选择、繁殖培育方法等;外购种苗的应包括苗种来源、苗种运输等。所用药剂类投入品必须符合NY/T 472、NY/T 473要求。

(3)日常饲养管理。应包括养殖方式、动物福利措施、饮用水来源、废弃物处理措施等,并符合NY/T 472、NY/T 473、GB 18596等要求。

(4)饲料管理。自制饲料的应包括饲料原料种类、比例、不同养殖阶段用量、全年用量、加工方法等。外购饲料原料的应包括来源、比例、不同养殖阶段用量、全年用量等,并符合NY/T 471要求。

(5)疾病防治。应针对当地常见疫病种类及发生规律提出具体防治措施。涉及疫苗、兽药、消毒剂等使用的,应明确名称、用量、防治对象、使用方法、使用时间和停药期,并符合NY/T 472《兽药停药期规定》等要求。

（6）收获及初加工。包括收获方式、产量、时间、收后预处理及初加工（包括分级标准、保鲜措施等），平行生产及废弃物处理等应符合国家法律法规及绿色食品相关标准要求。

（7）屠宰加工（如有涉及）。应包括屠宰加工流程、设备清洗消毒措施，涉及加工水、平行生产及废弃物处理等应符合绿色食品相关标准要求。

（8）包装贮运。包括产品包装材料、标识、存储（包括防鼠、防潮、防虫措施）、运输等应符合NY/T 1056及相关绿色食品标准要求。

3. 编写主要参考依据

（1）NY/T 391《绿色食品　产地环境质量》

（2）NY/T 471《绿色食品　饲料及饲料添加剂使用准则》

（3）NY/T 472《绿色食品　兽药使用准则》

（4）NY/T 473《绿色食品　畜禽卫生防疫准则》

（5）NY/T 1054《绿色食品　产地环境调查、监测与评价规范》

（6）NY/T 1056《绿色食品　贮藏运输准则》

（7）绿色食品牛、羊相关产品标准

图3-10　绿色食品生产操作规程汇编

（8）绿色食品生产操作规程（图3-10）

（六）养殖基地位置图、养殖场所布局平面图

养殖基地位置图、养殖场所布局平面图是反映绿色食品生产基地位置、基地规模、实际生产布局及周边环境情况的重要技术资料。应在调查核实基地实际情况的基础上绘制，确保真实全面、信息准确、清晰易读、方便核对。具体要求如下。

（1）养殖基地位置图（图3-11）绘制范围为基地及其周边5千米区域，应准确标识出基地位置（具体到乡镇村），基地面积、基地区域界限（包括行政区域界限、村组界限等），以及基地内与周边的村庄、河流、山川、树林、道路、设施、污染源等。

（2）养殖场所布局平面图（图3-12）应准确标识出养殖场大小、方位、边界、相邻土地利用及隔离情况、繁育区、粪便污水处理区、病畜隔离区等。

（3）可手绘，空白处应载明图例、指北、比例尺、绘制日期等绘图要素。

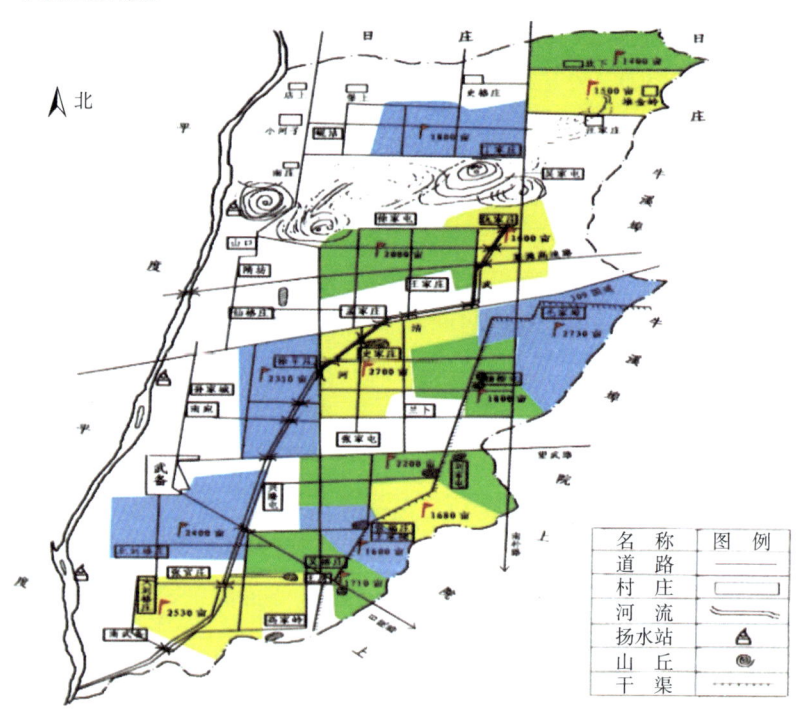

图3-11 养殖基地位置图示例

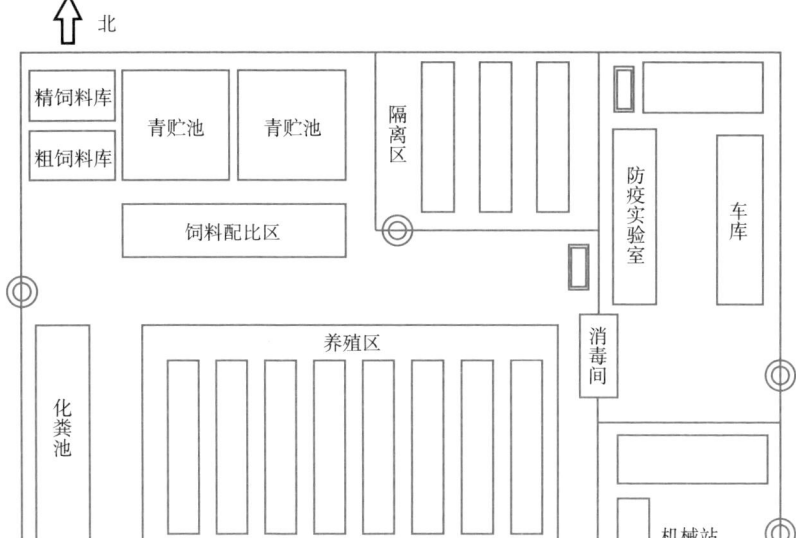

图 3-12 养殖场所布局平面图示例

（七）基地（农户）清单、合同（协议）及相关证明

绿色食品基地可分为自有基地、"申报主体+合作社（农户）"模式、全国绿色食品原料标准化生产基地（图3-13）。自有基地是指申请人拥有土地生产经营使用权，根据土地来源，可分为包括自有产权、土地流转、土地入股型合作社3种形式；"申报主体+合作社（农户）"模式是指申请人委托合作社或农户生产绿色食品；全国绿色食品原料标准化生产基地是指申请人的绿色食品原料或产品来源于全国绿色食品原料标准化生产基地。

1. 自有基地

（1）若申请人自有产权，应提供自有产权证明，如产权证、林权证、国有农场所有权证书等。

（2）若申请人为流转土地，应提供至少2份土地流转合同、土地承包合同复印件,并提供基地清单。

(3)若申请人为土地入股型合作社,应提供合作社章程和合作社社员清单。

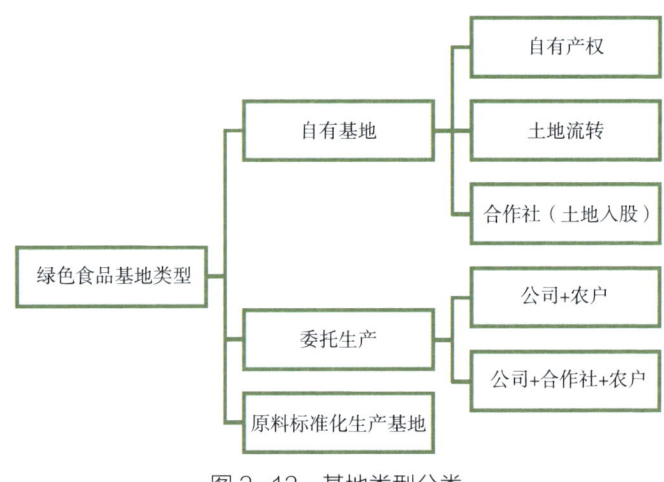

图3-13 基地类型分类

2. 申报主体+合作社(农户)

(1)若申请人为"公司+农户"生产组织模式,应提供至少2份公司与农户签订的有效期3年以上的委托生产合同复印件、基地清单和农户清单;对于农户数50户以下的申请人要提供全部农户清单,对于50户以上的,要求申请人建立内控组织(内控组织不超过20个),即基地内部分块管理,并提供所有内控组织负责人的姓名及其负责地块的种植品种、农户数、种植面积及预计产量。

(2)若申请人为"公司+合作社+农户"生产组织模式,应提供至少2份公司与合作社签订的,以及2份合作社与农户签订的有效期3年以上委托生产合同复印件、基地清单与农户清单(图3-14和图3-15)。

委托生产合同要求:申请人应提供与合作社、农户或其他单位签订的3年以上绿色食品委托生产合同或协议。合同或协议中明确绿色食品生产技术要求、生产品种、生产规模、产品质量和产量等。

基地清单（模板）

序号	合作社名 （基地村名）	农户数	养殖品种	养殖规模	预计产量	负责人员
合计						

申请人（盖章）：

图 3-14　基地清单示例

农户清单（模板）

序号	基地村名	农户姓名	养殖品种	养殖规模	预计产量
合计					

申请人（盖章）：

图 3-15　农户清单示例

3. 原料标准化基地

申请人在基地范围内或与基地内生产经营主体签订原料有效期3年以上供应合同；基地办应提供申请人或生产经营主体在基地范

围内的证明。

（八）包装标签设计样张（牛羊产品有包装时提供）

根据《中华人民共和国商标法》及《绿色食品标志管理办法》规定，绿色食品标志使用人在证书有效期内，可在获证产品及其包装、标签、说明书，以及在获证产品的广告宣传、展览展销等市场营销活动中使用绿色食品标志。如果申报产品为预包装产品，申请人提交申请时应同时提供包装标签设计样张，规范标注申请人名称、申报产品名称、绿色食品标志使用形式、执行标准、申请人联系方式等内容。

1. 绿色食品标志使用形式

绿色食品商标标志设计使用应按照《中国绿色食品商标标志设计使用规范手册》的规定，目前有10种绿色食品标志形式可以使用。绿色食品企业信息码（GF）是中国绿色食品发展中心赋予每个绿色食品标志使用人的唯一数字编码，与绿色食品标志（组合图形）在获证产品包装上配合使用。

绿色食品企业信息码编号形式为：GF××××××××××××。GF是绿色食品英文"GREEN FOOD"首字母的缩写组合，后面为12位阿拉伯数字，其中1—6位为地区代码（按行政区划编制到县级），7—8位为获证年份，9—12位为当年标志使用人序号。企业信息码的形式与含义如图3-16所示。

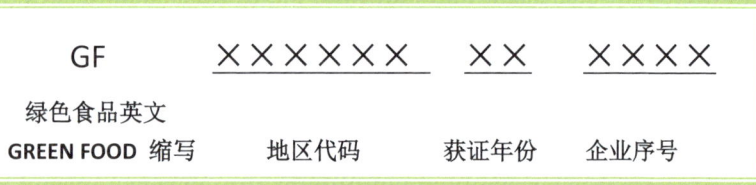

图3-16　绿色食品企业信息码形式和含义

2. 绿色食品标志使用原则

（1）基本要素保持不变。绿色食品标志的图形、中英文字体、字形、标准色（绿色）、注册符号标注位置等保持不变，确保绿色食品品牌形象整体保持不变。在个别产品包装不适宜使用标准色时，标志使用人可在其产品包装上使用其他颜色，但须经中国绿色食品发展中心审核备案。

（2）标志组合保持不变。主要是指在产品包装上使用时，绿色食品标志图形和绿色食品中英文组合基本保持不变。图形与文字等用标组合已经国家商标局注册，受《中华人民共和国商标法》保护，在实际应用中基本保持不变，特别是在产品包装上使用时，须图形与文字组合出现在同一视野，不应单独使用图形或文字，确保绿色食品标志使用合法、规范。

（九）生产记录（续展时提供）

生产记录是用于追溯申请人的畜牧养殖、屠宰加工、产品贮存及产品销售等生产历史和质量有关情况的重要技术文件。绿色食品牛羊产品续展申报需要提供符合以下要求的生产记录。

（1）应提供上一用标周期绿色食品生产记录，包含投入品购买与领用、农事操作、饲料种植和生产、牛羊养殖、产品收获、屠宰加工、包装标识、贮藏运输、产品销售等记录，保证能追溯上一用标周期从基地生产到销售全过程，同时应有当地农业行政主管部门的指导和监督。

（2）详细记载生产活动中所使用过的饲料和兽药等投入品的名称、来源、用法、用量、使用日期、停用日期；详细记载生产过程中疾病的预防措施、发生情况和防治技术措施。

（3）记录应现场记录，不应事后批量补写，也不应事前估算填写。

（4）记录应有固定格式，且书写规范，操作人和审核人应亲笔签名，确保记录真实性。

（5）禁止伪造生产记录。

（十）其他文件

（1）外购投入品的成分如涉及转基因的，来源单位也应提供非转基因证明。

（2）国家农产品质量安全追溯平台生产经营主体注册信息表（图3-17）。

 国家追溯平台生产经营主体注册信息表

主体信息	主体名称			
	主体身份码			
	组织形式			电子身份标识
	主体类型			
	主体属性			
	所属行业		企业注册号	
	证件类型		组织机构代码	
	营业期限			
	详细地址			
	企业类型			
法定代表人及联系信息	法定代表人姓名		法定代表人证件类型	
	法定代表人证件号码		法定代表人联系电话	
	联系人姓名		联系人电话	
	联系人邮箱			
证照信息				
法人身份证件信息				

图3-17 国家农产品质量安全追溯平台生产经营主体注册信息表页面

第四章
绿色食品牛羊产品申报范例

　　本章的范例企业××有限责任公司成立于2014年，是一家肉牛养殖企业。多年来，该公司主要饲养夷陵黄牛，以种植特色绿色饲料基地为基础，在饲料生产过程中坚持以施用有机肥为主，采用放置太阳能杀虫灯、防虫网等绿色防控技术，最大限度减少化学投入品使用；经营上采用产销一条龙的生产模式，即饲料生产→黄牛繁育→育肥→屠宰加工→销售。因此，该公司生产的牛肉品质较好，但优质牛肉产品的价值优势没有得到较好体现。随着绿色食品品牌认知度的快速提升，该公司认识到绿色食品品牌的市场潜力，为进一步提高产品品质，提升企业和产品的知名度和信誉，实现品牌的充分溢价，该公司于2020年开始申报绿色食品。该公司绿色食品肉牛养殖基地见图4-1和图4-2。

图4-1　绿色食品肉牛养殖基地（样图1）

图4-2　绿色食品肉牛养殖基地（样图2）

一、《绿色食品标志使用申请书》和各类调查表填写范例

(一)《绿色食品标志使用申请书》填写范例

《绿色食品标志使用申请书》填写范例如下。其中所填写内容仅供参考,请申请人根据本企业实际情况填写。

绿色食品标志使用申请书

初次申请☑   续展申请☐   增报申请☐

申请人(盖章)　××有限责任公司
申请日期　2020 年 6 月 4 日

中国绿色食品发展中心

第四章

绿色食品牛羊产品申报范例

填 表 说 明

一、本申请书一式三份,中国绿色食品发展中心、省级工作机构和申请人各一份。

二、本表应如实填写,所有栏目不得空缺,未填部分应说明理由。

三、本申请书无签名、盖章无效。

四、申请书的内容可打印或用蓝、黑钢笔或签字笔填写,语言规范准确、印章(签名)端正清晰。

五、申请书可从中国绿色食品发展中心网站下载,用A4纸打印。

六、本申请书由中国绿色食品发展中心负责解释。

保 证 声 明

我单位已仔细阅读《绿色食品标志管理办法》有关内容,充分了解绿色食品相关标准和技术规范等有关规定,自愿向中国绿色食品发展中心申请使用绿色食品标志。现郑重声明如下:

1. 保证《绿色食品标志使用申请书》中填写的内容和提供的有关材料全部真实、准确,如有虚假成分,我单位愿承担法律责任。

2. 保证申请前三年内无质量安全事故和不良诚信记录。

3. 保证严格按《绿色食品标志管理办法》、绿色食品相关标准和技术规范等有关规定组织生产、加工和销售。

4. 保证开放所有生产环节,接受中国绿色食品发展中心组织实施的现场检查和年度检查。

5. 凡因产品质量问题给绿色食品事业造成的不良影响,愿接受中国绿色食品发展中心所作的决定,并承担经济和法律责任。

法定代表人(签字): 王贤芳　　　　　申请人(盖章)
　　　　　　　　　　　　　　　　　　2020年6月4日

一 申请人基本情况

申请人（中文）	××有限责任公司				
申请人（英文）					
联系地址	湖北省宜昌市枝江市仙女镇向巷村			邮编	123456
网址	无				
统一社会信用代码	91420583093248348J				
食品生产许可证号	SC10131011600877，委托加工				
商标注册证号	24821494				
企业法定代表人	王贤芳	座机	0599-12345678	手机	13812345678
联系人	肖燕华	座机	0599-12345679	手机	15812345679
内检员	邹振刚	座机	0599-12345689	手机	15812345689
传真	0599-12345678	E-mail	87654321@qq.com		
龙头企业		国家级□ 省（市）级☑ 地市级□			
年生产总值（万元）	6 210		年利润（万元）	401.4	
申请人简介	××有限责任公司是一家以肉牛养殖为主的综合性现代农业开发企业，于2014年3月注册成立。业务涉及牛品种科研改良、保护、繁育及培训，肉牛生产、加工、出口及专营店销售，食品餐饮及旅游观光，牧草种植、秸秆综合利用及养殖合作社，互联网+智慧牛业及数字畜牧等领域。 公司已建成1个饲草种植基地，占地500亩；1个标准化肉牛养殖场，占地400亩，规划建筑面积约2万米^2，标准化牛舍11栋，养殖规模1 500头；辅助生产区有青贮窖9座、草料库2栋；1个0~12℃牛肉标准化精细分割车间，建筑面积300米^2。 公司先后被认定为部级肉牛标准化示范场，建立了市级肉牛产业首席科学家工作站，当选为××市畜牧产业协会会长单位。建立了市级夷陵黄牛核心保种场和肉牛良种繁育基地，占地200亩。2016年公司被认定为××市农业产业化重点龙头企业。2017年被××省农业厅认定为××省农业产业化重点龙头企业。				

注：申请人为非商标持有人，需附相关授权使用的证明材料。

二 申请产品基本情况

产品名称	商标	产量（吨）	是否有包装	包装规格	绿色食品包装印刷数量	备注
牛肉	文字+拼音+图形	600	有	5千克/箱	10 000个	

注：续展产品名称、商标变化等情况需在备注栏中说明。

三 申请产品销售情况

产品名称	年产值（万元）	年销售额（万元）	年出口量（吨）	年出口额（万美元）
牛肉	6 210	5 400	0	0

填表人（签字）：李红　　　　　　　　内检员（签字）：邹振刚

注：内检员适用于已有中国绿色食品发展中心注册内检员的申请人。

(二)《种植产品调查表》填写范例

涉及饲料原料种植的申请企业应填写《种植产品调查表》,填写范例如下。其中所填内容仅供参考,请申请人根据本企业实际情况填写。

种植产品调查表

申请人(盖章)　　××　有限责任公司
申　请　日　期　2020　年　6　月　4　日

中国绿色食品发展中心

填 表 说 明

一、本表适用于收获后，不添加任何配料和添加剂，只进行清洁、脱粒、干燥、分选等简单物理处理过程的产品（或原料）。如原粮、新鲜果蔬、饲料原料等。

二、本表一式三份，中国绿色食品发展中心、省级工作机构和申请人各一份。

三、本表应如实填写，所有栏目不得空缺，未填部分应说明理由。

四、本表无盖章、签字无效。

五、本表的内容可打印或用蓝、黑钢笔或签字笔填写，语言规范准确、印章（签名）端正清晰。

六、本表可从中国绿色食品发展中心网站下载，用A4纸打印。

七、本表由中国绿色食品发展中心负责解释。

一 种植产品基本情况

作物名称	种植面积（万亩）	年产量（吨）	基地类型	基地位置（具体到村）
玉米	0.5	4 000	A	枝江市仙女镇仙女村
青贮玉米	0.076	3 800	A	枝江市仙女镇仙女村

注：基地类型填写自有基地（A）、公司+合作社+农户（B）、绿色食品原料标准化基地（C）。

二 产地环境基本情况

产地是否远离工矿区和公路铁路干线？	远离工矿区和公路铁路干线
产地周围5千米，主导风向的上风向20千米内是否有工矿污染源？	无工矿污染源
绿色食品生产区和常规生产区域之间是否有缓冲带或物理屏障？请具体描述	有，基地周边种植有树林进行缓冲

注：相关标准见《绿色食品 产地环境质量》（NY/T 391）和《绿色食品 产地环境调查、监测与评价规范》（NY/T 1054）。

三　种子（种苗）处理

种子（种苗）来源	外购，品种为裕丰 303，生产商为北京联创种业股份有限公司，品种权号：CAN 20130128.8
种子（种苗）是否经过包衣等处理？请具体描述处理方法	否
播种（育苗）时间	玉米，每年 5 月

注：已进入收获期的多年生作物不填写本表（如果树、茶树等）。

四　栽培措施和土壤培肥

采用何种耕作模式（轮作、间作或套作）？请具体描述	无轮作、间作或套作		
采用何种栽培类型（露地、保护地或其他）？	露地栽培		
是否休耕？	休耕		
秸秆、农家肥等使用情况			
名称	来源	年用量（吨/亩）	无害化处理方法
秸秆			
绿肥			
堆肥	腐熟牛粪	2	有
沼肥			

注："秸秆、农家肥等使用情况"栏不限于表中所列品种，视具体使用情况填写。

五　有机肥使用情况

产品名称	肥料名称	年用量（吨/亩）	商品有机肥有效成分氮磷钾总量（%）	有机质含量（%）	来源	无害化处理
玉米	生物有机肥	0.1	≥5	≥40	湖北新保得生物科技有限公司	

注：该表应根据不同产品名称依次填写，包括商品有机肥和饼肥。

六　化学肥料使用情况

产品名称	肥料名称	有效成分（%）			施用方法	施用量[千克/(亩·年)]	当地同种作物习惯施用无机氮肥	
		氮	磷	钾			种类	用量[千克/(亩·年)]
玉米	尿素	46.4			追肥	12	尿素	30

注：1. 相关标准见《绿色食品　肥料使用准则》（NY/T 394）。
　　2. 该表应根据不同产品名称依次填写。
　　3. 该表包括有机—无机复混肥使用情况。

七 病虫草害农业、物理和生物防治措施

当地常见病虫草害	基地生态环境良好，玉米病害轻微，虫害有极少量蚜虫，通过有效的措施预防，没有造成危害
简述减少病虫草害发生的生态及农业措施	选用抗病力强的品种，进行晒种，用清水浸种，深耕、晒土、冻垡，适期播种，合理密植，科学管理，适时晒田
采用何种物理防治措施？请具体描述防治方法和防治对象	30～50亩挂一盏频振式杀虫灯
采用何种生物防治措施？请具体描述防治方法和防治对象	未采用生物防治

注：若有间作或套作作物，请同时填写其病虫草害防治措施。

八 病虫草害防治农药使用情况

作物名称	农药通用名称	防治对象
玉米	氯虫苯甲酰胺	玉米螟
	噻虫嗪	蚜虫
	嘧菌·戊唑醇	大斑病、小斑病
	噻吩磺隆	杂草

注：1. 相关标准见《农药合理使用准则》（GB/T 8321）、《绿色食品　农药使用准则》（NY/T 393）。
2. 若有间作或套作作物，请同时填写其病虫草害农药使用情况。
3. 该表应根据不同产品名称依次填写。
4. 农药使用方法填写喷雾、沟施、熏蒸、土壤处理等。

九 灌溉情况

是否灌溉	是	灌溉水来源	天然降水
灌溉方式	沟渠灌溉	全年灌溉用水量（吨/亩）	3

十　收获后处理及初加工

收获时间	9月下旬
收获后是否有清洁过程？请描述方法	无
收获后是否对产品进行挑选、分级？请描述方法	否
收获后是否有干燥过程？请描述方法	自然干燥
收获后是否采取保鲜措施？请描述方法	否
收获后是否需要进行其他预处理？请描述过程	设置专库贮藏，仓库保持清洁、干燥，适时进行机械通风，观察温度、进行防鼠防虫
使用何种包装材料、包装方式？	无
仓储时采取何种措施防虫、防鼠、防潮？	门窗均安装有防虫、防鼠金属网、仓库内放有捕鼠笼等设施
请说明如何防止绿色食品与非绿色食品混淆	分仓储存

十一　废弃物处理及环境保护措施

废弃物进入沼气池发酵或进入堆粪棚堆积腐熟生物热处理。投入品废弃物收集由村集中无害化处理。每天做好卫生，每周一次进行全场卫生清扫工作

填表人（签字）：李红　　　　　　内检员（签字）：邹振刚
注：内检员适用于已有中国绿色食品发展中心注册内检员的申请人。

（三）《畜禽产品调查表》填写范例

《畜禽产品调查表》填写范例如下。其中所填内容仅供参考，请申请人根据本企业实际情况填写。

畜禽产品调查表

申请人（盖章） ×× 有限责任公司

申 请 日 期 2020 年 6 月 4 日

中国绿色食品发展中心

填 表 说 明

一、本表适用于畜禽养殖、生鲜乳及禽蛋收集等。

二、本表一式三份,中国绿色食品发展中心、省级工作机构和申请人各一份。

三、本表应如实填写,所有栏目不得空缺,未填部分应说明理由。

四、本表无签字、盖章无效。

五、本表的内容可打印或用蓝、黑钢笔或签字笔填写,语言规范准确、印章(签名)端正清晰。

六、本表可从中国绿色食品发展中心网站下载,用A4纸打印。

七、本表由中国绿色食品发展中心负责解释。

一 养殖场基本情况

畜禽名称	肉牛	养殖面积	放牧场所(万亩)	
			栏舍(米^2)	20 000
基地位置		枝江市仙女镇向巷村二组		
养殖场基本情况				
养殖场是否在无规定疫病区域?		否		
养殖场是否距离交通要道、城镇、居民区、医院和公共场所2千米以上?		是		
养殖场是否距离垃圾处理场和风景旅游区5千米以上?		是		
天然牧场周边是否有矿区?		否		
请简要描述养殖场周边情况		养殖场周边为旱地及山林,周边直线距离3千米以上范围无居民居住,远离水库等水源地		

注:相关标准见《绿色食品 畜禽卫生防疫准则》(NY/T 473)。

二　养殖场基础设施

养殖场是否有相应的防疫设施设备，请具体说明	设有消毒室，消毒车等防疫设施设备
养殖场房舍照明、隔离、加热和通风等自动化设施是否齐备且符合要求？请具体说明	照明、隔离、加热和通风等自动化设施均已安装，并从正规商家购买
是否有粪尿沟及粪污处理设施设备？	有
是否有畜禽活动场所和遮阴设施？	有
请说明养殖用水来源	自来水

三　养殖场管理措施

养殖场内净道和污道是否分开？生产区和生活区是否严格分开？	净道和污道分开，生产区和生活区严格分开
养殖场是否定期消毒？请描述使用消毒剂名称、用量、使用方法和时间	是，稀戊二醛500倍液，每周喷雾消毒一次
是否建立了规范完整的养殖档案？	是
是否存在平行生产？如何有效隔离？	否

四 畜禽饲料及饲料添加剂使用情况

畜禽名称		肉牛				养殖规模		2 000 头	
品种名称		夷陵黄牛				幼畜来源		自繁，外购	
年出栏量及产量		2 000 头，600 吨				养殖周期		36 个月	
生长阶段 饲料及饲料添加剂	犊牛期		育成期		育肥期		年用量（吨）	来源	
	用量（吨）	比例（%）	用量（吨）	比例（%）	用量（吨）	比例（%）			
外购的商品混合饲料（如配合饲料、浓缩料、精补料、核心料、预混合饲料等）									
添加剂预混料	28.80	4.0	45.10	1.3	110.85	1.4	184.75		
本场自行添加的饲料原料（如牧草、青干草、鲜草、青贮饲料等粗饲料，及玉米、麸皮、棉籽等大宗精料原料）									
牛奶	439.20	61.0					439.20	基地自产	
玉米面	237.60	33.0					237.60	基地自产	
小苏打	7.20	1.0	17.35	0.5	53.20	0.7	77.75	外购	
盐	7.20	1.0	17.35	0.5	22.15	0.3	46.70	外购	
玉米			867.05	24.1	2 770.90	34.2	3 637.90	基地自产	
麸皮			446.70	12.4	1 076.00	13.3	1 522.70	外购	
豆粕			478.80	13.3	874.80	10.8	1 353.60	外购	
玉米青贮			1 202.40	33.4	2 519.10	31.1	3 721.50	基地自产	
稻草			520.25	14.5	665.00	8.2	1 185.25	外购	
本场自行添加的饲料添加剂									

1. 使用酶制剂、微生物、多糖、寡糖、抗氧化剂、防腐剂、防霉剂、酸度调节剂、黏结剂、抗结块剂、稳定剂或乳化剂应填写添加剂具体通用名称。
2. 每一类饲料或饲料添加剂，表格不足可自行添加。

注：1. 相关标准见《绿色食品　饲料及饲料添加剂使用准则》（NY/T 471）。
　　2. 养殖周期及生长阶段应包括从幼畜（幼雏）到出栏。

五 发酵饲料加工（含青贮、黄贮、发酵的各类饲料）

原料名称	年用量（吨）	添加剂名称	贮存及防霉处理方法
青贮玉米	3 800		压实、塑料薄膜密封

六 饲料加工和存贮

工艺流程及工艺条件	
青贮玉米收割→运输→粉碎→入贮→压实→密封→贮存→饲喂	
是否建立批次号追溯体系？	是
饲料存贮过程采取何种措施防潮、防鼠、防虫	垫板隔离堆放、设置挡鼠板、放置捕鼠夹、窗户加置纱窗
请说明如何防止绿色食品与非绿色食品饲料混淆	分区域储存加标签备注

七 畜禽疫苗和药物使用情况

畜禽名称	肉牛	
疫苗使用情况		
疫苗名称	疫苗类型	批准文号
口蹄疫二价灭活苗	灭活疫苗	19137011
兽药使用情况				
兽药名称	批准文号	用途	使用时间	停药期
柴胡	20200102	肌内注射	3天	0天

注：1. 相关标准见《绿色食品　兽药使用准则》（NY/T 472）。
　　2. 疫苗类型栏填写灭活疫苗、减毒疫苗、基因工程疫苗等。

八 畜禽、生鲜乳收集

待宰畜禽如何运输？请说明	使用专用车辆进行运输，装运前经过严格消毒
生鲜乳如何收集？收集器具如何清洗消毒？生鲜乳如何储存、运输？	无生鲜乳
请就上述内容，描述绿色食品与非绿色食品的区分管理措施	绿色食品肉牛有专用牛舍和喂养场地，专用运输车辆运送到屠宰车间，在绿色食品专用车间内进行屠宰，屠宰后在专用冷库内冷藏保鲜

九　禽蛋收集、包装、储藏和运输

禽蛋如何收集、清洗？	
如何包装？	
包装车间、设备的清洁、消毒、杀菌方式方法	
包装材料（来源、材质）及使用情况	□可重复使用　☑可回收利用　□可降解
包装过程中车间、设备所需使用的清洗、消毒方法及物质	
库房是否能满足需要及类型（常温、冷藏或气调等）	
申报产品是否与常规产品同库储藏？如是，请简述区分方法	
运输情况（工具、措施等）	
请就上述内容，描述绿色食品与非绿色食品的区分管理措施	

注：相关标准见《绿色食品　包装通用准则》（NY/T 658）和《绿色食品　贮藏运输准则》（NY/T 1056）。

十　资源综合利用和废弃物处理

养殖场是否具备有效的粪便和污水处理系统？是否实现了粪污资源化利用？	具备污水处理系统，建有占地面积1 260米²的堆粪场，实现了粪污资源化利用
养殖场对病死畜禽如何处理？请具体描述	病死畜禽报主管部门，由无害化车运走处理

填表人（签字）：<u>李红</u>　　　　　内检员（签字）：<u>邹振刚</u>

注：内检员适用于已有中国绿色食品发展中心注册内检员的申请人。

（四）《加工产品调查表》填写范例

《加工产品调查表》填写范例如下。其中所填内容仅供参考，请申请人根据本企业实际情况填写。

加工产品调查表

申请人（盖章）　×××有限责任公司
申　请　日　期　2020 年　6 月　4 日

中国绿色食品发展中心

填 表 说 明

一、本表适用于以符合绿色食品生产相关要求的植物、动物和微生物产品为原料，进行加工和包装的食品，如米面及其制品、食用植物油、肉食加工品、乳制品、酒类等。

二、本表一式三份，中国绿色食品发展中心、省级工作机构和申请人各一份。

三、购买全国绿色食品原料标准化生产基地原料或绿色食品产品分包装的申请人需填写此表。

四、本表应如实填写，所有栏目不得空缺，未填部分应说明理由。

五、本表无盖章、签字无效。

六、本表的内容可打印或用蓝、黑钢笔或签字笔填写，语言规范准确、印章（签名）端正清晰。

七、本表可从中国绿色食品发展中心网站下载，用A4纸打印。

八、本表由中国绿色食品发展中心负责解释。

一　加工产品基本情况

产品名称	商标	产量（吨）	有无包装	包装规格	备注
牛肉	文字＋拼音＋图形	600	有	5千克/箱	

注：续展产品名称、商标变化等情况需在备注栏说明。

二　加工厂环境基本情况

加工厂地址	位于枝江市仙女镇向巷村二组
加工厂是否远离工矿区和公路铁路干线？	加工厂远离工矿区和公路铁路干线
加工厂周围5千米，主导风向的上风向20千米内是否有工矿企业、医院、垃圾处理场等？	加工厂周围5千米，主导风向的上风向20千米内无工矿企业、医院、垃圾处理场等
绿色食品生产区和生活区域是否具备有效的隔离措施？请具体描述	绿色食品生产区和生活区域距离1千米，中间有绿化植物区域可有效隔离

注：相关标准见《绿色食品　产地环境质量》(NY/T 391)。

三　产品加工情况

工艺流程及工艺条件	
各产品加工工艺流程图（应体现所有加工环节，包括所用原料、食品添加剂、加工助剂等），并描述各步骤所需生产条件（温度、湿度、反应时间等）：入厂检疫—屠宰—去头—剥皮—开胸去内脏—宰后检疫—四分体—排酸—修整分割操作室使用恒温空调温度控制在0~4℃，室内均装设冷风机系统	
是否建立生产加工记录管理程序？	建立了生产加工记录管理程序
是否建立批次号追溯体系？	建立了批次号追溯体系
是否存在平行生产？具体原料运输、加工及储藏各环节中进行隔离与管理，避免交叉污染的措施	无平行生产，原料运输、加工及储藏各环节中使用绿色食品专用运输车，单独加工车间及储藏间进行隔离管理

四 加工产品配料情况

产品名称	牛肉	年产量（吨）	600	出成率（%）	100
主辅料使用情况表					
名称	比例（%）		年用量（吨）	来源	
牛肉	100		600	自产	
食品添加剂使用情况					
名称	比例（‰）	年用量（吨）	用途	来源	
/					
加工助剂使用情况					
名称	有效成分	年用量（吨）	用途	来源	
/					
是否使用加工水？请说明其来源、年用量（吨）、作用，并说明是否使用净水设备					加工用水为自来水，年用量1 600吨，加工用水用来清洗屠宰设备、操作间等
主辅料是否有预处理过程？如是，请提供预处理工艺流程、方法、使用物质名称和预处理场所					不涉及

注：1. 相关标准见《绿色食品 食品添加剂使用准则》（NY/T 392）。
  2. 主辅料"比例（%）"应扣除加入的水后计算。

五　平行加工

是否存在平行生产？如是，请列出常规产品的名称、执行标准和生产规模	无平行生产
常规产品及非绿色食品产品在申请人生产总量中所占的比例	没有非绿色食品产品
请详细说明常规及非绿色食品产品在工艺流程上与绿色食品产品的区别	不涉及
在原料运输、加工及储藏各环节中进行隔离与管理，避免交叉污染的措施	☑从空间上隔离（不同的加工设备） ☑从时间上隔离（相同的加工设备） □同其他措施，请具体描述：

六　包装、储藏和运输

包装材料（来源、材质）、包装充填剂	无包装
包装使用情况	☑可重复使用　☑可回收利用　☑回收可降解
库房是否远离粉尘、污水等污染源和生活区等潜在污染源？	库房远离粉尘、污水等污染源和生活区等潜在污染源
库房是否能满足需要及类型（常温、冷藏或气调等）	库房满足需要及类型，如常温、冷藏或气调等
申报产品是否与常规产品同库储藏？如是，请简述区分方法	无常规产品
申请人运输情况（工具、措施等）	运输车辆使用0~4℃冷链专车专用

注：相关标准见《绿色食品　包装通用准则》（NY/T 658）和《绿色食品　贮藏运输准则》（NY/T 1056）。

七 设备清洗、维护及有害生物防治

加工车间、设备所需使用的清洗、消毒方法及物质	胴体轨道滑槽、胴体升降机、修整工作台、分割刀具、刀具消毒柜、对刀器具及挂钩采用先82℃热水冲洗，后放置高温消毒设备内高温消毒，其他大型设备采用高压水枪清洗
包装车间、设备的清洁、消毒、杀菌方式方法	无包装
库房中消毒、杀菌、防虫、防鼠的措施，所用设备及药品的名称、使用方法、用量	使用防蚊灯、灭鼠笼及粘鼠板，冷库及仓库全部密封建设，所有通往仓库的管道、沟槽，凡是直径0.6厘米以上的，均使用硬质材料密封，不能密封的安装小孔铁丝网

八 污水、废弃物处理情况及环境保护措施

加工过程中产生污水的处理方式、排放措施和渠道	加工过程中产生的污水由专门的污水沟渠排放
加工过程中产生废弃物的处理措施	加工中产生的粪便、血水、肉屑及内脏经过初沉、厌氧水解、生化处理工艺，达到污水综合排放标准后再排放
其他环境保护措施	植树绿化，采用隔音材料建造厂房，减少噪声传输

填表人（签字）：李红　　　　　　内检员（签字）：邹振刚

注：内检员适用于已有中国绿色食品发展中心注册内检员的申请人。

二、质量控制规范编制范例

绿色食品质量控制规范范例如下。其内容仅供参考,申请人应根据企业实际情况编制相应的质量控制规范并遵守照执行。

绿色食品质量控制规范

××有限责任公司

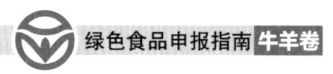

前 言

《绿色食品质量控制规范》（以下简称《规范》）是依据NY/T 391《绿色食品 产地环境质量》、NY/T 393《绿色食品 农药使用准则》、NY/T 394《绿色食品 肥料使用准则》、NY/T 844《绿色食品 温带水果》、NY/T 658《绿色食品 包装通用准则》并结合本公司实际情况而编制的纲领性文件。

《规范》阐明了本公司的质量方针和质量目标，并详细描述了绿色食品生产的质量体系文件，支持性文件和作业指导书均应与《规范》的要求相一致。

《规范》作为企业对内实施绿色食品质量管理，对外提供满足顾客需求和适用法律法规要求产品的纲领性、规定性文件，是开展绿色食品质量管理的主要依据。全体员工必须认真学习，确保公司各项绿色食品质量控制活动按《规范》规定执行。

《规范》由综合办公室负责组织起草，并归口管理。

1 公司组织机构管理

为加强本公司牛肉产品生产全程监管，全面规范生产管理秩序，保障产地环境和产品质量符合绿色食品生产标准和要求，根据《中华人民共和国农产品质量安全法》和《绿色食品管理办法》等有关法规，制定本绿色食品管理人员组织机构管理规范。

1.1 组织机构设置

1.1.1 成立以公司总经理为组长、养殖部负责人为副组长、相关部门负责人为成员的绿色食品生产领导小组，负责绿色食品生产组织协调、制度制定、生产计划、基地建设、生产监督管理，保障绿色食品生产工作有序推进。

1.1.2 设立绿色食品办公室,加强绿色食品质量监督管理。设负责人1名,质量监管员(内检员)1名、质量检验检测员1名。

1.1.3 生产技术科设生产基地负责人1名,技术员2名(包括绿色食品技术负责人1名),后勤保管员1名。

1.1.4 销售部设销售员3名,管理员1名,运输员1名。

1.2 工作职责

1.2.1 领导小组职责

1.2.1.1 组长(公司总经理)为企业法人,是绿色食品质量安全的第一负责人。负责绿色食品基地规划和建设指挥协调;负责绿色食品生产计划的审批;负责绿色食品基地建设与产品认证的请示和工作衔接;负责绿色食品生产监督与绩效考核。

1.2.1.2 副组长负责绿色食品基地建设具体组织实施;负责绿色食品制度和生产计划的制订;负责绿色食品基地的管理工作,指导各相关部门协调开展工作,确保绿色食品基地管理和产品生产全过程相关制度有效规范运行;参与绿色食品生产绩效考核与评价。

1.2.2 生产技术科

1.2.2.1 生产科负责拟定生产布局、生产计划、基地建设,按照绿色食品产地环境和绿色食品生产标准、规范和要求,以及绿色食品生产技术操作规程组织生产管理、疫病防治等。

1.2.2.2 科长主要负责对绿色食品生产基地建设和产品生产标准、规范和要求的监督实施。

1.2.2.3 基地负责人主要负责对绿色食品生产基地建设和产品生产标准、规范和要求的具体实施和生产管理;负责管理基地环境卫生,严格执行各项规章制度;负责生产中各个环节有序运行(肉牛品种引进、饲养、疾病预控、饲料来源及配比等);按照养殖程序和各项技术要求，对养殖场各种养殖品种进行科学系统的管理，落实各项产量、质量指标。

1.2.2.4 技术员主要负责对绿色食品生产技术操作规程的具体组织实施，指导生产人员按照生产技术规程和相关制度进行科学养殖、消毒、防疫、用药；负责相关技术培训；负责生产记录、档案整理保管等。依各个季节的不同病害，结合本场实际情况采取主动积极的措施进行防护。技术员应根据病虫害发生情况开出当日处方用药，并根据当日处方用药与配药一起准备药品，按当日处方使用方法和剂量全程监督施药。

技术员应每日观察病虫害发生情况，对病虫害应做到早预防、早发现、早治疗。对异常牛只要进行镜检以确定病虫害，遇到无法确定的情况应当日汇报给养殖场负责人，报动物疫病预防控制机构进一步确认，并把确定的情况及时告诉负责人。如发生重要疫病及重要事项时，应及时做好隔离防护措施，确保人畜安全。养殖场兽医技术员发现牛群出现异常病症，应将重要疫病及重要事项报告养殖场负责人及当地动物卫生监督机构。

1.2.2.5 后勤保管员负责饲料、兽药、消毒物品等养殖投入品入库、出库验货，按照绿色食品准则做好入库保管保存和发放等工作；负责场区所有固定资产、设备、设施管理，定期维护，保证其有效运行，并建立台账；负责所有饲料及办公用品等物料的采购及出入库管理。

1.2.3 质量监管科（绿色食品办公室）

1.2.3.1 质量监管科负责绿色食品监管制度和产品质量追溯体系建立，负责绿色食品生产全过程的监督管理，提供绿色食品生产计划，组织开展绿色食品生产知识培训。

1.2.3.2 科长主要负责绿色食品监管制度和产品质量追溯体系建立，负责绿色食品生产全过程的监督管理，提供绿色食品生产计划，协助开展产品质量检验检测和质量验收，负责组织开展绿色食品生产知识培训。

1.2.3.3 内检员（质量监管员）主要负责宣贯绿色食品标准，按照绿色食品标准和管理要求，协调、指导、检查和监督企业内部绿色食品原料采购、基地建设、投入品使用、产品检验、包装印制、防伪标签、广告宣传等工作；配合绿色品工作机构开展绿色食品监督管理工作；负责绿色食品相关数据及信息的汇总、统计、编制，以及与各级绿色食品工作机构的沟通工作；承担本企业绿色食品证书和《绿色食品标志商标使用许可合同》的管理，以及产品增报和续展工作；开展对企业内部员工有关绿色食品知识的培训。

1.2.3.4 质量检测员主要负责农业投入品和绿色食品质量的检测检验，负责绿色食品生产过程的监控与疫病防控工作，协助内检员完成其他相关工作。

1.2.4 销售部职责

1.2.4.1 销售部负责绿色食品的生产、仓储保管、产品销售和包装运输等，保障按照绿色食品要求抓好贮藏保管、产品销售和包装运输等。

1.2.4.2 销售部经理主要负责组织绿色食品的生产、贮藏保管、产品销售和包装运输等，保障贮藏保管、产品销售和包装运输等相关标准和要求的执行，反馈绿色食品销售执行情况和客户的意见，配合生产科、监管科抓好相关工作。

1.2.4.3 销售员主要负责绿色食品的市场开拓和生产计划制订，组织产品生产、包装、运输和销售，严格执行绿色食品生产技术规程相关环节要求。

1.2.4.4 仓储员主要负责绿色食品入库、出库产品质量验收和发放，严格执行仓储产品质量安全制度，做好入库、出库产品记录。

1.2.4.5 运输员主要负责产品运输，配合抓好相关工作。

2 养殖场投入品管理规范

饲料和兽药是养殖主要的投入品，饲料兽药的安全是畜产品安全的基础，是从源头保证畜产品安全的关键环节。因此，为保障本公司牛肉产品安全，确保人民群众吃上放心的牛肉产品，针对养殖所需饲料兽药进行严格的监督管理，制定本投入品管理规范。

2.1 投入品供应与管理总体原则与要求

2.1.1 投入品实行统一采购、统一保管、统一供应、统一使用的管理原则，必须从正规渠道采购符合国家标准、合法登记并与畜禽产品品种相适应的投入品，保存相关票据，严禁采购和使用国家绿色食品生产禁用的农业投入品。

2.1.2 兽药与其他投入品分开设立专门的存放保管处，分柜堆放，整齐规范。不准使用过期产品，剩余投入品及时退还仓库登记，废弃包装严禁乱放，统一收集处理。

2.1.3 投入品的采购和发放要做好相应记载，主要记录作业时间、作业区域（单元）、品种、生长期、投入品名称、间隔日期、使用量、使用方法、使用器械、作业人员等。

2.2 投入品的采购

2.2.1 饲料的品质与安全直接影响畜禽生产性能及机体健康，只有优质安全的饲料，才能促进畜禽生长，达到健康养殖状态。劣质饲料或有害成分超量的饲料，会抑制畜禽的生长发育，甚至导致畜禽中毒死亡。因此，养殖场购进的饲料原料和饲料产品要求色泽新鲜一致，无发酵、霉变、结块、异味、异臭，无污染，符合CB 13078《饲料卫生标准》。饲料添加剂应是正规生产企业生产的、具有产品批准文号的产品。

2.2.2 养殖场购进的兽药产品生产厂家必须是普药CMP企业，有产品批准文号；必须到具有《兽药经营许可证》（兽药GSP）的经营企业购买。不购进国家明文规定的禁限用兽药，兽药标签应符合《兽药管理条例》规定。采购时要严格质量检查，查验相关证明，防止购进假劣产品。

2.3 投入品的使用管理

2.3.1 饲料的使用

养殖场必须使用新鲜合格的饲料产品，严禁使用过期失效、霉烂变质、无生产厂家、无生产批准文号、无生产日期的"三无"饲料产品；严禁在饲料中添加盐酸克伦特罗、莱克多巴胺、沙丁胺醇等违禁药物；严禁在饲料中直接添加兽药。自配饲料原料应安全无污染，有稳定来源，质量可靠，饲料加工过程符合有关规定。

2.3.2 饲料的管理

养殖场必须有固定的饲料仓库，实行专仓专用、专人专管。仓库内不得堆放其他杂物，地面必须保持清洁，无关人员不得进入。仓库内禁止放置任何有害药品和有害物质，饲料必须隔墙离地分品种存放。饲料调配间、搅拌机及用具应保持清洁，做到不定时的消毒，调配间禁止放置有害物质。

2.3.3 兽药购买制度

2.3.3.1 按照技术人员书面提供的兽药品种、数量、剂型及含量，及时采购，不得随意更改。建立完整的药品购进记录。记录内容包括药品品名、剂量、规格、有效期、生产厂商、供货单位、购进数量、购货日期。

2.3.3.2 药品的质量验收包括药品外观性质检查、药品内外包装及标识的检查，主要内容有品名、规格、主要成分、批准文号、生产日期、有效期等。采购兽药时要选择有足够的资信度和相应的经济实力，同时应具备具有承担民事责任的能力的正规生产厂家和经销商。

2.3.3.3 购买时应认真查看药物标签上兽药登记证、兽药生产许可证号、执行标准号，不准购买假兽药。

2.3.3.4 购买兽药时要认真查看生产日期、保质期，防止选购过期兽药。

2.3.3.5 购买兽药时要索取与所买农药相符的农药使用说明书以及技术资料。

2.3.3.6 购买兽药时，要索取与所购兽药相符合的正规发票。

2.3.3.7 不向无兽药经营许可证的销售单位购买牲畜用药物，用药标签和说明书符合农业农村部规定的要求，不购进禁用药、无批准文号、无成分标识的药品。

2.3.3.8 搬运、装卸药品时应轻拿轻放、严格按照药品外包装标志要求堆放和采取措施。

2.3.4 兽药的使用

畜禽养殖应通过良好的饲养管理，减少疾病的发生，减少药物的使用量。育肥后期的商品畜禽，尽量不使用药物，必须治疗时，要严格控制停药期。预防疾病为主，必要的预防、治疗和诊断所用的兽药，必须按国家与农业农村部制定的相关标准使用。禁止使用麻醉药、镇静药、中枢兴奋药、化学保定药和骨骼肌肉松弛药，慎重使用经农业农村部批准的拟肾上腺素药、平喘药、抗（拟）胆碱药、肾上腺皮质激素药和解热镇痛药。允许使用规定的抗菌药和抗寄生虫药，其中治疗药应凭兽医处方购买，同时注意用法用量。禁止使用国家明令禁止的禁限用兽药。使用药物添加剂应严格遵守规定的用法用量，并严格执行休药期。严禁人药兽用。

2.3.5 兽药管理制度

2.3.5.1 兽药保管场所的确定，保管场所要通风透气，干燥，不漏雨。

2.3.5.2 药品仓库专仓专用、专人专管。在仓库内不得堆放其他杂物，特别是易燃易爆物品。药品按剂量或用途及储存要求分类存放，陈列药品的货柜应保持清洁和干燥。地面必须保持整洁，非相关人员不得进入。

2.3.5.3 兽药要存放整齐，排列有序，标识清楚。杀菌剂、杀虫剂、气雾剂等分开存放，标签注明。

2.3.5.4 兽药入库实行登记，入库时，所买兽药要与实际入库兽药相符。

2.3.5.5 药品出库应填写"药品领用记录"，详细填写品种、剂型、规格、数量、使用日期、使用人员、何处使用，需在技术员指导下使用，严格遵守停药期规定。

2.3.5.6 未用完的兽药当天入库，当天生产上未用完的兽药要入库，再使用时重新登记，防止兽药丢失和出现兽药事故。

2.3.5.7 兽药保管室要保持清洁卫生，兽药保管的清洁卫生由兽药保管人员负责。

2.3.5.8 用药施行处方管理制度，处方内容包括用药名称、剂量、使用方法、使用频率、用药目的，处方需经过监督员签字审核，确保不使用禁用药、不明成分的药物及未经国家批准或已经淘汰的兽药，领药者凭用药处方领药使用。

2.3.5.9 兽药丢失实行赔偿制，凡是已入库兽药丢失由保管人员负责赔偿。

2.4 投入品台账管理

根据相关法律法规和日常监管工作，为了规范养殖行为，确保投入品的可追溯性，保障畜禽产品质量安全。养殖场必须建立完整的投入品购进、使用记录。购进记录包括兽药与饲料名称、规格（剂型）、数量、有效期、生产批号、生产厂家、供货单位、购货日期。使用时要详细记录兽药与饲料品种、规格（剂型）、数量、使用日期、使用方法、使用人员、使用去向。拌饲料用的药品或添加剂，需在执业兽医的指导下使用，并做好记录，严格遵守停药期要求。投入品的使用应做到先进先出，后进后出，防止人为造成的过期失效。投入品购进、使用记录应当真实，保有时间不得少于2年。

3 养殖场管理规章制度

3.1 岗位责任制度

3.1.1 养殖场场长岗位职责

3.1.1.1 负责养殖场的全面管理工作，是全场安全生产和产品质量的第一负责人，场长对公司总经理负责。

3.1.1.2 严格执行各项规章制度，负责生产中各个环节有序运行（肉牛品种引进、饲养、疾病预控、饲料来源及配比等）。按照养殖程序和各项技术要求，对养殖场各养殖品种进行科学系统的管理，落实各项产量、质量指标。

3.1.1.3 组建、培养和管理整个生产养殖团队。

3.1.1.4 实行严格的卫生防疫管理制度,确保防疫工作切实到位。

3.1.1.5 定期向上级主管部门提交阶段性工作情况总结、汇报生产养殖计划。

3.1.1.6 制定并落实场内各岗位的考核管理目标和奖惩制度。

3.1.1.7 负责场内生产、生活设施的管理,生产、生活物料的申报、采购、审核工作。

3.1.1.8 负责解决场内各种常规及突发问题,消防安全隐患,确保场区安全稳定。

3.1.1.9 公司负责人临时交办的其他工作。

3.1.2 兽医(师)工作职责

3.1.2.1 兽医(师)负责了解病、虫疫情并提出下月(下周)的药品采购计划,根据本公司实情和周边情况搞好疫情调查和汇报。

3.1.2.2 根据各个季节的不同病害,结合本公司的实际情况主动积极地做好防护。

3.1.2.3 兽医(师)应根据病虫害发生的实际情况开出当日用药处方,并按当日处方、方法、剂量实施。

3.1.2.4 应做到每日观察全公司各个大棚的肉牛生长情况,对病虫害和疫情做到早防疫,早发现、早治疗。对异常个体根据病状及早进行镜检确定病因、病情,遇到无法确定的情况应及时汇报给生产负责人。

3.1.2.5 如发现重要疫情后,在采取措施的同时还应及时将疫情报告公司及市动物检验检疫部门。

3.1.3 饲喂班长岗位职责

3.1.3.1 班长在场长的领导下开展工作,班长应要求员工上岗时穿戴劳保护品。

3.1.3.2 负责每天两次的喂料，并保证食槽分料均匀，食槽周边干净。

3.1.3.3 早上班、晚下班时检查水槽是否有水，做到上班时间牛有水喝，下班时水槽水量也可保持到次日早上班。

3.1.3.4 保持牛舍四周（包括水沟）干净通畅。

3.1.3.5 爱惜工具，锹、镰刀等不乱丢、乱放。

3.1.3.6 对牛做适时观察，发现有牛异常，及时向保健防控部报告。

3.1.3.7 按时完成上级部门交代的其他工作。

3.1.4　饲养员岗位职责

3.1.4.1 定时定量喂食，每天检查饮水是否畅通，保障牛能正常饮水。

3.1.4.2 发现问题及时汇报，并配合技术人员进行处理。

3.1.4.3 遵守防疫制度，定期消毒，并保证牛舍清洁卫生。

3.1.4.4 上班时不能干私活和玩手机，不得无故随意窜栋，不得混用生产工具。

3.1.4.5 加强对自己所需物品的管理，不能乱丢乱放，以免牛误食产生严重后果。

3.1.4.6 加强对病牛、弱牛的护理。

3.1.4.7 做好转群后空圈的清理、消毒工作。

3.1.4.8 注意仪表及来客时的文明用语，并保守公司的秘密。

3.1.4.9 积极参与场内外的集体活动。

3.1.5　后勤支持部主管岗位职责

3.1.5.1 负责场区所有固定资产、设备、设施的管理，定期维护，保证其有效运行，并建立台账。

3.1.5.2 负责场内所有饲料及办公用品等物料的采购及管理。

3.1.5.3 负责养殖基地食堂的管理。

3.1.5.4 负责场内环境保护，除养殖区域外的其他公共环境卫生的清扫。

3.1.5.5 负责全场的消防安全工作。

3.1.5.6 负责场内保安的管理工作。

3.1.5.7 上级领导临时交办的其他工作。

3.1.6　兽医员的岗位职责

3.1.6.1 每天观察牛的健康状况。

3.1.6.2 疫病的预防、治疗以及康复护理。

3.1.6.3 根据药品的使用效果及价格情况拟订采购计划。

3.1.6.4 负责拟定消毒制度，并组织实施。

3.1.6.5 负责收集治疗记录，建立治疗档案。

3.1.6.6 上级领导临时交办的其他工作。

3.1.7　统计文员的岗位职责

3.1.7.1 负责保种场出纳工作。

3.1.7.2 保种场成本核算。

3.1.7.3 固定资产登记并做台账。

3.1.7.4 场内所有账务数据、统计资料的整理入档。

3.1.7.5 上级领导临时交办的其他工作。

3.1.8　饲料采购员的岗位职责

3.1.8.1 饲料种类的开发。

3.1.8.2 产品质量、价格对比。

3.1.8.3 饲料采购运输。

3.1.8.4 数据统计建档。

3.1.8.5 饲料的贮存、保管。

3.1.8.6 上级领导临时交办的其他工作。

3.1.9 饲料加工员的岗位职责

3.1.9.1 青贮的制作。

3.1.9.2 按比例要求搅拌饲料。

3.1.9.3 将搅拌好的饲料运送到牛舍。

3.1.9.4 工作场地的卫生清扫。

3.1.9.5 上级领导临时交办的其他工作。

3.1.10 设备维护人员的岗位职责

3.1.10.1 场内所有机械、设备的保养维护。

3.1.10.2 场内所有水电的维护,保证生产能正常运行。

3.1.10.3 消防安全保障。

3.1.10.4 所有机械、设备保养记录要建台账。

3.1.10.5 上级领导临时交办的其他工作。

3.2 养殖档案管理制度

3.2.1 规范畜牧生产经营行为,加强畜禽标识和养殖档案管理,建立畜禽及畜禽产品可追溯制度,有效防控重大动物疫病,保障畜禽产品质量安全。

3.2.2 依法建立养殖档案,并报本行政区域内动物卫生监督机构备案,养殖档案载明以下内容:畜禽的品种、数量、繁殖记录、标识情况、来源和进出场日期;饲料、饲料添加剂等投入品的来源、名称、使用对象、时间和用量等有关情况;兽药的购药记录用药记录内容按《湖北省兽药管理实施办法》规定执行;免疫、监测、检疫、消毒情况,畜禽发病、诊疗、死亡和无害化处理情况;畜禽标识代码;农业农村部及湖北省规定的其他内容。

3.2.3 推进畜禽养殖档案信息化管理进程，专人负责相关信息的录入、上传和更新工作。建立畜禽养殖档案信息管理系统，切实提高管理水平和服务水平。

3.2.4 积极主动接受畜牧兽医行政主管部门的监督检查，依法向市主管部门备案，取得畜禽养殖代码，及时向市动物疫病预防控制机构报告更新防疫档案相关内容。

3.2.5 饲养种畜建立个体养殖档案，注明标识编码、性别、出生日期、父系和母系品种类型、母本的标识编码等信息。种畜调运时在个体养殖档案上注明调出地和调入地，个体养殖档案随同调运。

3.3　畜禽标识制度

3.3.1 肉牛在出生后立即加施畜禽标识。

3.3.2 肉牛在左耳中部加施畜禽标识；从外地引进的肉牛须在右耳中部再次加施畜禽标识。

3.3.3 实行一畜一标，编码具有唯一性。

3.3.4 畜禽的标识严重磨损、破损、脱落后，应当及时加施新的标识，并在养殖档案中记录新标识编码。

3.3.5 没有加施畜禽标识的，不得运出养殖场。

3.3.6 畜禽标识不得重复使用。

3.4　免疫制度

3.4.1 根据本市动物疫病流行病学情况及其对生产的危害，可用疫苗的性能及来源等情况，制定切合我场实际的免疫程序，并严格按程序实施免疫预防，建立免疫档案。免疫程序包括预防接种疫苗的种类，预防接种的次数、剂量、间隔时间等。

3.4.2 对规定的强制免疫的病种，在市动物防疫监督机构的监督指导下,按规定的免疫程序进行免疫。建立免疫档案,佩戴免疫耳标。

3.4.3 对体弱、有病、没到免疫年龄的牛及时进行免疫补针。对牲畜口蹄疫免疫时,孕牛两个月不予免疫,但应在孕畜产后 7 天,及时进行免疫补针,并建立免疫补针档案。

3.4.4 严格免疫操作规程,冻干苗应在低温冷冻条件下保存,严禁反复冷冻使用,油剂或水剂严防冻结,应在 4～8℃条件下保存。冻干苗按要求的方法进行稀释,稀释后的疫苗应按规定的方法保存并在规定的时间内使用;保证疫苗注射剂量,注射器械和注射部位严格消毒,保证一畜一个针头,防止交叉感染。

3.4.5 根据本市寄生虫病、细菌性疾病的发生和危害情况,选择最佳药物,定期对牛进行驱虫。

3.5 检疫申报制度

3.5.1 本场饲养、经营的牛或牛种在出售、调运前,提前向市畜牧兽医主管部门派驻乡镇(街道)防检组申报,供屠宰或者育肥的肉牛提前 3 天申报,调运种牛提前 15 天申报,因生产生活特殊需要出售、调运和携带动物或者动物产品的,随报随检。

3.5.2 提供详细申报资料,包括畜禽养殖档案、防疫生产信息、兽药治疗、饲料添加剂使用等情况记录。

3.5.3 跨省市引进种牛时,向省级动物卫生监督部门提出申请,认真填写《跨省引进种用乳用动物检疫审批表》。经审批同意后,凭省级动物卫生监督机构签发的《跨省引进种用乳用动物检疫审批表》引进种牛。

3.5.4 跨省引进种牛回场后实行隔离观察,凭引进的动物检疫合格证明,向市级动物卫生监督机构申报检疫。

3.5.5 病死、染疫、死因不明和检疫不合格的动物及动物产品,应在动物无害化处理场集中销毁，并在当地动物防疫监督机构监督下进行。

3.5.6 按照动物防疫制度规定做好申报检疫记录。

3.6 用药制度

为规范我场兽药、兽用生物制品管理工作，根据国务院颁布的《兽药管理条例》结合我场实际制定本制度。

3.6.1 严格执行兽药质量管理规范，兽药、兽用生物制品的使用，必须在本场兽医指导下进行，由兽医防疫员开处方，主管兽医签字方可取药，饲养员一律不准取药。

3.6.2 严禁使用相关国家规定中的禁用药品，严格执行 NY/T 472《绿色食品 兽药使用准则》规定。

3.6.3 对采购、使用兽药及兽用生物制品建立采购、使用记录或出入库登记制度，记录内容包括包装、生产单位、批准文号、产品生产批号、规格、失效期、产品合格证、进货渠道等。

3.6.4 对每一批新药、新疫苗，用前要做小范围实验，无异常方可大范围使用，对每次防疫做好以下记录：疫苗名称、生产厂家、批准文号、使用牛只的阶段与头数、反映情况等。如出现产品质量及技术问题，必须及时向市级畜牧兽医行政管理机关报告，并保存尚未用完的兽用生物制品备查。

3.6.5 对于订购的预防用生物制品，只许自用，严禁以技术服务名义从事或变相从事兽用生物制品经营活动。

3.6.6 对一些特殊制品、疫苗空瓶或受污染物品等查清数量，按照要求派专人销毁或无害化处理。

3.7 消毒制度

3.7.1 保持本牛场内的清洁卫生,降低场内病原体的密度,净化生产环境,建立安全的生物安全体系,促进牛群健康。

3.7.2 生活区、办公区及其周围环境,每月大消毒一次。周转牛舍、转牛台、赶牛通道、磅秤及其周围环境每次转牛或出牛后消毒一次,生产区道路及牛舍空地每周消毒一次。

3.7.3 牛舍:每周至少更换消毒池内的药水两次,并确保消毒池内的消毒药的有效浓度;牛舍、牛群、配种怀孕舍每周至少消毒一次,其他牛舍每周至少消毒两次。

3.7.4 各栋牛舍门口的消毒池与盆,每周更换消毒液至少两次,保持有效浓度;进入生产区的车辆必须彻底消毒,随车人员消毒方法同生产人员一样;更衣室每天清洁,每周末消毒一次;工作服清洗时消毒。

3.7.5 人员消毒:进入生产区人员必须先更衣、淋浴、消毒后,更换专用工作服、鞋并脚踏消毒池方可进入生产车间,进牛舍必须脚踏消毒池,在消毒盆洗手消毒后方可进入。

3.7.6 传染病流行期间的消毒:牛舍内的消毒,隔日或每日一次;牛舍外环境的消毒,每周一次,选用3%烧碱(氢氧化钠)或生石灰;牛舍内、舍间的赶牛通道上撒生石灰,进出口放置消毒盆,生产用具使用前后在消毒池中充分消毒5分钟以上;消毒液的浓度按传染病流行期间的要求执行,并根据需要定期更换消毒药的种类。

3.8 疫情报告制度

3.8.1 认真贯彻落实《中华人民共和国畜牧法》《畜牧标识和养殖档案管理办法》,推进动物标识及疫病可追溯体系建设,充分发挥动物标识及疫病可追溯体系在畜牧业生产统计、重大动物疫病防控和动物产品安全监管等方面的重要作用。

3.8.2 防疫生产信息报送工作遵循"加强领导、密切协作、属地管理、逐级上报"的基本原则。

3.8.3 实现肉牛养殖生产、标识、疫情和免疫等信息的及时上传、汇总和分析,提高重大动物疫病防控和动物产品安全监管能力和水平。

3.8.4 信息报送内容,包括肉牛养殖场基本信息、养殖结构、存出栏数据、成活率、疫病状况、强制免疫等。

3.8.5 标识及生产防疫等信息报送采取月报制。由我场自行落实信息终端,按照分配的账号和密码,通过移动智能识读器,登录规模养牛场信息传报页面,上报至动物标识及疫病可追溯体系中央数据库。

3.8.6 按照市畜牧兽医局要求,安排专人负责生产防疫信息报送工作,及时上报生产报表、原材料采购、牛销售等有关信息。

3.9 动物无害化处理制度

3.9.1 严格按照《中华人民共和国动物防疫法》规定,配备相应的无害化处理设施,对病死、毒死、死因不明或患有重大动物疫病的动物及其产品进行无害化处理。

3.9.2 对非动物疫病引起死亡的动物,应当在当地动物卫生监督所指导下进行处理;对病死但不能确定病因的,应立即采样送至县级以上动物疫病预防控制中心确诊,尸体要在当地动物卫生监督所监督下进行深埋、化制、焚烧等无害化处理。

3.9.3 对病死、死因不明的动物采样、诊断、流行病学调查、无害化处理等过程中,要采取有效措施,做好个人防护或消毒工作。发生重大动物疫情时,配合动物卫生监督机构,按照国家有关规定进行处置病死、染疫或扑杀的同群动物以及粪水垫料等污染物。

3.9.4 无害化处理按照农业农村部印发的《病死及病害动物无害化处理技术规范》相关规定进行。

3.9.5 对污染的饲料排泄物等应当喷洒消毒剂后与尸体一起进行无害化处理，经污水处理设施进行无害化处理达到标准后排放，未经处理不得擅自排放。

3.9.6 对病死、死因不明的动物及检疫不合格的动物产品的各项处理，应按规定做好相关记录、归档等工作。

3.10 加工车间卫生管理制度

3.10.1 建立卫生责任制，责任落实到人。

3.10.2 加工过程中须保持牛肉产品质量安全和卫生，防止二次污染和交叉感染。

3.10.3 加工设备、设施必须保持良好状态，经常清洗、消毒。

3.10.4 生产加工场地、墙壁、排水沟、更衣室、厕所等场所，以及各种容器、运输车辆必须及时彻底清扫、清洗、消毒，确保生产区、生活区卫生整洁。

3.10.5 使用符合国家卫生标准的专用运载工具和冷库，并符合保证肉品质量需要的温度等特殊要求。

3.10.6 制定并严格执行灭鼠、灭蚊等病虫防控措施，及时彻底消除鼠害、蚊害等隐患。

3.10.7 实行水质检测申报制度，确保水质符合 GB 5749—2006《生活饮用水卫生标准》的规定。

3.10.8 严格按照有关规定进行污染物处理，严禁污染物直接排放，防止在屠宰过程中产生废气、废水、废渣、粉尘、恶臭气体及噪声等对环境的污染和危害。

3.10.9 保持员工良好的个人卫生与健康，穿戴统一的工作服、帽、鞋上岗操作。经常开展健康教育活动并建立卫生、健康档案。

3.11 冷库贮藏制度

3.11.1 冷库设专人管理，明确责任人，并在冷库门边有明显标示，标示出责任人以及检查监督人。

3.11.2 冷库管理人员必须遵守公司的各项规章制度，遵守工作时间，服从工作安排。

3.11.3 冷库管理人员接到来货通知后，要检查冷库库存，确定贮存位置，联系好装卸人员。

3.11.4 冷库内的肉品要按位存放，摆放要整齐，要做到下有托盘，四周不靠墙，上不靠顶棚。每批次均要有标签，标明入库时间、品名以及数量。

3.11.5 入库工人必须按照规定着工作装入库，专人开关库门。

3.11.6 肉品根据出库单发货，要做到先进的货物先出库，并做好记录和监督。

3.11.7 每间隔2小时要检查一次冷库温度，并做好记录，夜间要加强巡检，发现温度异常要立即报告给仓储部经理。

3.11.8 要管好库门，货物进出时要随手关门，发现门损坏不能密封要及时维修，做到开启灵活、关闭严密、不逃冷气，绝对禁止开着冷库的门进行作业。

3.11.9 正常使用冷库，保证安全生产，防止水、汽渗入隔热层，严格把好"冰、霜、水、门、灯"五关。

3.11.10 库房的墙、地坪、门、顶棚等部位有了冰、霜、水要及时清除。

3.11.11 库内排管和冷风机要及时扫霜、融霜，以提高制冷效能、节约用电。

3.11.12 严禁无关人员进入冷库。

3.11.13 冷库内不得堆放杂物,保持冷库整洁有序。

3.11.14 每天要对库存肉品进行检查,每周在仓储部经理组织下进行货物盘点,做到账、物、标签数量完全吻合。

3.12 产品质量安全追溯制度

3.12.1 建立与企业生产经营规模相适当的质量监督部门,配备专职质量监督人员,层层落实责任制。

3.12.2 建立活牛及牛肉产品购进、储存、销售等可追溯制度,向社会做出肉品质量安全承诺,并对质量安全承诺执行情况进行检查。

3.12.3 严格执行索票、索证制度。详细登记活牛进场时间、数量、产地、供货者、屠宰与检验信息,以及出厂时间、品种、数量和流向。

3.12.4 建立肉品销售台账,如实记录销售信息。销售的牛肉产品必须附具检疫、检验合格证明,对于出厂的每一批牛肉都开具食用合格证。

3.12.5 有效利用电子监控设施、肉品质安全信息可追溯系统,实行肉品质量安全信息的跟踪和溯源。

3.12.6 建立缺陷产品召回制度,发现生产的产品不安全时,应当立即停止生产,向社会公布相关信息,告知消费者停止使用并及时召回上市销售的牛肉产品。

3.12.7 对召回的不合格肉品一律按规定进行无害化处理。

3.12.8 如实记录肉品质量安全追溯信息,记录保存不得少于 2 年。

4 屠宰场管理规章制度

4.1 屠宰场场长岗位工作职责

4.1.1 负责屠宰场的全面管理工作,是本场产品质量安全和生产安全的第一责任人。

4.1.2 严格执行《中华人民共和国动物防疫法》《中华人民共和国食品卫生法》《中华人民共和国环境保护法》等法规,按照《屠宰操作规程》和《屠宰产品品质检验规程》的规定进行生产和检验,按照《病害动物和病害动物产品生物安全处理规程》的规定进行无害化处理,制定完善本单位肉牛进场验收制度和台账管理制度、不合格肉品召回制度等各项规章制度,实现病害肉无害化处理率100%,出厂肉品检验合格率100%,实现肉品质量安全可追溯。并落实责任人,保证全场生产规范运行。

4.1.3 负责落实屠宰场发展规划,保证硬件设施建设达到法定标准,并检查督促相关制度规范执行,严格按照相关规定建立健全各项台账,妥善保存相关资料。

4.1.4 服从肉牛屠宰相关职能部门的监督管理,积极完成相关部门交给的工作任务。

4.1.5 积极配合驻场兽医及检疫检验人员,加强对肉牛进场的管理,认真开展肉牛屠宰的检疫检验工作,不合格牛源不得进场。及时协调规范处理检疫检验中出现的问题。

4.1.6 加强出场肉品品质的管理工作,落实专人负责,实施对肉品品质的全程检验,确保出场肉品质量安全。

4.1.7 实行严格的消毒和卫生管理制度,落实专人负责,确保消毒工作到位和屠宰场的环境卫生。

4.1.8 及时主动解决好场内的各种矛盾纠纷,消除安全隐患,确保场内安全稳定。

4.2 动物检疫员岗位职责

4.2.1 认真学习、宣传、贯彻执行《中华人民共和国动物防疫法》及相关法规，严格执行肉牛屠宰有关规定、标准，熟练掌握动物卫生检疫检验技术，做到遵纪守法，作风正派，不徇私情，规范检疫。

4.2.2 认真做好宰前检疫检验工作，对入场肉牛严格执行索票索证制度，在认真核对收取产地检疫证明的同时，做到逐头检疫、检查耳标和健康状况，检查无误、无异常情况后方可入场待宰，并及时准确填写《动物进场检疫检验台账》，检疫证明逐日收齐，按月装订。做好耳标的收集、保管工作。宰前严格把好复检关，对健康合格的肉牛签发准宰证。

4.2.3 严格按照相关法律法规认真做好宰后检疫检验工作，对合格的肉产品出具检疫合格证明，并在胴体上加盖验讫印章，对检疫结果及出具的检疫证明负责。对检疫检验不合格的肉类产品，监督屠宰场和货主按照相关规定进行无害化处理，严禁出场。对肉类产品检疫情况逐日登记入册。

4.2.4 在检疫中发现有染疫的肉牛及其产品，应及时向上级兽医管理部门及屠宰场报告，坚决制止屠宰、上市、出售、运输。责令并监督屠宰场或畜（货）主进行无害化处理。

4.2.5 认真做好消毒灭源的宣传工作，对屠宰场地、生产工具、运输工具的卫生消毒工作进行指导和监督。

4.2.6 积极协助上级相关部门开展检查工作，并按要求及时做好检疫登记和填表的上报工作。

4.3 屠宰场工作人员岗位职责

4.3.1 屠宰工必须按规定经培训考核合格持证上岗。操作期间，必须穿工作服、工作鞋，戴工作帽，并做到勤换、勤洗、勤消毒。

4.3.2 屠宰工必须持有效的健康证明，无人畜共患的传染性疾病。

4.3.3 屠宰肉牛必须凭准宰证方可屠宰，并按屠宰加工工艺流程操作。

4.3.4 肉牛开膛净腔不得刺破内脏，在屠宰过程中肉牛产品不得落地。

4.3.5 屠宰过程中发现所宰肉牛有异常情况，必须立即向检疫检验人员及肉品品质检验人员报告，并协同处理。

4.3.6 加工工具等器件，必须有专人保管，用后及时清洗、消毒，按规定存放。

4.4 肉品品质检验员工作职责

4.4.1 肉品品质检验人员必须经培训考试合格，持证上岗。品质检验员负责肉品及其产品的检验工作，肉品品质检验必须与肉牛屠宰同步进行。

4.4.2 肉品品质检验人员对肉品检验的部位、方法和处理办法必须严格按照《肉品卫生检验试行规程》及相关规定实施。

4.4.3 肉品品质检验的内容严格按照相关规定执行。

4.4.4 对检验中发现不合格的劣质肉品坚决制止出场、上市，并监督其按照国家有关规定进行无害化处理。实现病害肉无害化处理率100%，出厂肉品检验合格率100%。

4.4.5 如实做好检验登记工作，出具肉品品质检验合格证明，并对检验结果及出具的《肉品品质检验合格证明》负责。

4.5 屠宰场食品质量安全工作制度

4.5.1 屠宰场场长负责屠宰场的食品安全工作,是本场肉品质量安全第一责任人。

4.5.2 经常组织员工学习,并认真贯彻执行《中华人民共和国动物防疫法》《中华人民共和国食品卫生法》《中华人民共和国环境保护法》以及其他相关法规,制定完善本单位的各项规章制度,并落实责任人,保证全场生产规范运行,保证出场肉品品质。

4.5.3 严格执行索票索证制度、检疫检验规程,加强对肉牛进场的管理,认真开展肉牛屠宰的检疫检验工作,不合格牛源不得进场。

4.5.4 严格出场肉品品质的管理工作,落实专人负责,实施对肉品品质的全程检验,确保出场肉品质量安全。

4.5.5 实行不合格肉品召回制度,召回的肉品按规定进行无害化处理。

4.5.6 实行严格的消毒和卫生管理制度,落实专人负责,确保消毒工作到位和屠宰场的环境卫生。

4.5.7 强化企业社会责任,公开向社会承诺:没有检疫证章、耳标等合法标志的肉牛不进厂屠宰,检疫检验不合格、未加盖检疫检验证章的肉品不出厂销售,有害肉品实行无害化处理,不屠宰老母牛、注水牛、病死牛。

4.5.8 承担屠宰企业信息化管理和肉品可追溯体系所需相关信息的报送责任。发现未经检疫或来源信息不全的肉牛,有义务及时报当地动物检疫部门处理。服从肉牛屠宰相关职能部门及食品安全委员会的监督管理,积极完成相关部门交给的工作任务。

4.6 肉牛进场验收制度

4.6.1 严格执行索票索证制度,没有检疫证章、耳标等合法标志的肉牛不进场（厂）。

4.6.2 驻场检疫人员要认真做好宰前检疫检验工作，对入场肉牛严格执行索票索证制度，在认真核对收取产地检疫证明的同时，做到逐头检疫、检查耳标和健康状况，按规定做好"瘦肉精"等药物残留的抽检工作，检查无误、无异常情况后方可入场待宰。

4.6.3 屠宰场积极配合驻场兽医及检疫检验人员，加强对肉牛进场的管理，认真开展肉牛屠宰的检疫检验工作，不合格牛源不得进场。

4.6.4 在检疫中发现有染疫的肉牛，应及时向上级兽医管理部门及屠宰场报告，坚决制止屠宰、上市、出售、运输。责令并监督屠宰场或畜（货）主进行无害化处理。

4.6.5 进场肉牛，在进入待宰圈之前要按规定进行消毒。肉牛卸下后对车辆进行消毒后离场。

4.6.6 检疫人员应及时准确填写《动物进场检疫检验台账》，检疫证明逐日收齐，按月装订。

4.7 肉牛销售台账管理制度

4.7.1 屠宰场应严格肉牛及牛肉销售使用票据的管理，所有肉牛及牛肉销售使用票据必须实行专人管理，领用登记，存根留存。

4.7.2 肉牛及牛肉销售票据上，应当载明购货人、销售数量及金额、销售时间、开票人、收款人等事项。

4.7.3 代宰肉牛原则参照经营肉牛执行，严禁无记录代宰肉牛行为。

4.7.4 开票员应及时准确填写《肉牛销售台账》，按时上报每日屠宰及销售数据，《肉牛销售台账》按月装订，妥善保管。

4.7.5 屠宰场肉牛屠宰、销售数据应定期同检疫检验数据核对，并保持一致。

4.7.6 肉牛及牛肉销售票据的存根及台账的保管时间，按有关规定执行。

4.8 牛肉质量安全追溯制度

4.8.1 认真做好宰前检疫检验工作，对入场肉牛严格执行索票索证制度，在认真核对收取产地检疫证明的同时，做到逐头检疫、检查耳标和健康状况，检查无误、无异常情况后方可入场待宰。

4.8.2 按照《屠宰操作规程》和《屠宰产品品质检验规程》的规定进行生产和检验，对屠宰加工过程进行质量控制。

4.8.3 按照《病害动物和病害动物产品生物安全处理规程》的规定进行无害化处理，对屠宰加工过程进行肉品安全控制。

4.8.4 严格执行肉牛销售台账管理制度，对牛肉销售过程进行控制。

4.8.5 加强内部管理，落实岗位责任制，建立从肉牛进场、屠宰加工到销售全过程的牛肉质量安全控制可追溯的资料台账记录体系。

4.8.6 承担屠宰企业信息化管理和肉品可追溯体系所需相关信息的报送责任。

4.9 不合格肉品召回制度

4.9.1 严格按照《肉品卫生检验试行规程》及相关规定，对检验中发现不合格的、劣质肉品，坚决制止出场、上市，并监督其按照国家有关规定进行无害化处理。

4.9.2 对检验合格的肉品出具肉品品质检验合格证明，并对检验结果及出具的《肉品品质检验合格证明》负责。

4.9.3 实行不合格肉品召回制度，召回的肉品按规定进行无害化处理。

4.9.4 对不合格肉品的受害者，按有关规定赔偿。

4.9.5 对召回的肉品进行化验，分析原因，对造成不合格肉品的相关责任人进行处理。

4.10 屠宰场卫生消毒安全工作制度

4.10.1 有卫生部门核发的有效的《卫生许可证》。

4.10.2 有专职卫生消毒工作人员，有必备消毒器械，并有15～30日的消毒药品库存。

4.10.3 进场肉牛，在进入待宰圈之前要按规定进行消毒。肉牛卸下后对车辆进行消毒后离场。

4.10.4 屠宰场门前的消毒池每天要更换消毒药，池内消毒药水深度在10厘米以上。

4.10.5 屠宰加工场地和屠宰工具做到每日宰前、宰后各消毒一次。

4.10.6 屠宰或检疫检验过程中，如所用工具（刀、钩等）触及带病菌的屠体或病变组织时应将工具彻底消毒后再继续使用。

4.10.7 保持场内清洁卫生，无污水、血渍、污物积聚。

4.10.8 发生疫情时的消毒，按疫情处理的规定执行。

4.10.9 场长是本单位安全生产第一责任人，全面负责安全生产工作，并配备相应的安全设施。

5 饲料基地管理规章制度

5.1 绿色食品玉米种植基地管理制度

为保证基地严格按绿色食品要求进行生产，实行规范化管理，特制定如下制度。

5.1.1 成立工作专班,加强组织领导。成立绿色食品饲料生产基地领导小组,由公司生产管理经理任组长,负责基地玉米种植的领导工作,由公司技术员任副组长,执行绿色食品原料生产技术规范,严格管理生产投入品供应和使用,对玉米从生产到收获全过程质量负责。

5.1.2 种植品种为裕丰303。

5.1.3 加强生产投入品的供应管理。基地生产所用的肥料由公司统一组织采购供应,技术人员对基地的施肥及病虫害防治进行全程技术指导和监督。

5.1.4 加强其他生产技术管理。一是制定生产技术操作规程;二是定期对技术人员开展培训。

5.1.5 认真开展生产基地的环境保护。组织人员植树种草,增加绿色植被,减少水土流失,增加生物多样性,确保生态平衡,减少农业病虫害发生。禁止在基地周围建设有污染的工业项目,防止工业"三废"对基地环境的污染。

5.1.6 收割。用收割机将玉米收割后用拖车运走。不能提前或者推后收获。

5.1.7 运输。运输车辆应保持清洁、干燥、无异味,特别要做到防混装、防污染。运输要求快装、快运、快卸,严禁日晒雨淋。

5.2 绿色食品玉米种植基地投入品管理制度

为保护和改善生态环境,根据绿色食品相关的规定,结合实际,农业投入品使用作出以下规定。

5.2.1 严禁购买、使用高毒、高残留农药,严格按照NY/T 393《绿

色食品 农药使用准则》购买、使用农药，能不使用农药就不使用农药。

5.2.2 玉米生产基地施肥要尽量使用有机肥，农家肥一定要使用腐熟的农家肥。所施用肥料按照 NY/T 394《绿色食品 肥料使用准则》执行。

5.2.3 农业投入品的采购必须选择资质合格、产品质量优秀的生产单位，统一采购，统一使用。每次购买必须记录详细的入库记录，投入品的使用严格按照生产技术规程，投入品的发放使用必须做好严格的出库记录。

5.2.4 农业投入品专人专管，严格遵守规定，不得出现任何投入品安全事故。

5.3 青贮窖管理制度

为规范生产管理，确保产品质量符合要求，对青贮饲料生产、仓储特制定如下制度。

5.3.1 青贮窖的维护

5.3.1.1 制作青贮饲料之前，要清理青贮窖，内部无剩余青贮料、砂石或其他杂物，无积水。

5.3.1.2 工作中经常检查盖土是否有裂缝、塑料薄膜有无开裂老化现象，特别是大风天气查看是否有刮开，每周至少检查3次，遇到天气突变要及时检查维护。

5.3.1.3 检查青贮窖墙体是否开裂和漏气，遇到异常情况，小问题自行解决，大问题上报生产部组织人员修复。

5.3.1.4 司机谨慎驾驶车辆，避免损害青贮窖设施。

5.3.2 正确取用青贮

5.3.2.1 青贮窖应从一头开始使用,分批依次打开,每次打开的宽度不宜太宽,占窖宽的 1/3,能方便取用为宜。

5.3.2.2 取用切面与地面垂直,最好使用青贮取料机。

5.3.2.3 取出的青贮当天用完,防止青贮二次发酵,引起发霉变质。

5.3.2.4 当班次工作结束后及时清除青贮窖里的异物,包括石块、砖块、塑料布、塑料瓶等,并及时整理压盖好当班次取出没有用完的青贮。

5.3.2.5 开窖的窖头及上层腐烂青贮及时清除,严禁混入饲料车中。

5.3.3 减少青贮浪费

5.3.3.1 每天每班次工作结束时打扫干净青贮窖作业区域。

5.3.3.2 下雨和下雪后及时排水和清扫积雪,防止青贮窖积水和车辆打滑。

5.3.4 核算青贮库存量

5.3.4.1 出库数量要及时上报,做好每天青贮出库记录,并上报保管人员。

5.3.4.2 每周要核对青贮出库量与密度立方是否相符,并对损耗率进行核算。

5.3.5 青贮窖防污、防混、防鼠方式

5.3.5.1 青贮窖采用水泥建筑材料,底部具有一定斜度,排水好,建设在地下水位低、无倒灌水和地下水渗入的地方。

5.3.5.2 青贮用塑料布完全密封,可有效防污、防混、防鼠。

三、生产操作规程编制范例

绿色食品生产操作规程编制范例如下。其内容仅供参考，申请人根据企业实际情况编写。

（一）企业标准《绿色食品　肉牛标准化规模养殖生产技术操作规程》

××有限责任公司的企业标准《绿色食品　肉牛标准化规模养殖生产技术操作规程》范例如下。

绿色食品　肉牛标准化规模
养殖生产技术操作规程

1　范围

本规范以规模化肉牛场为对象，包括肉牛场的选址与设计、肉用牛的品种选择与运输、饲料与日粮配制、饲养管理、卫生与防疫、粪便及废弃物处理、记录与档案管理7个方面的技术要求，为提高肉牛养殖生产水平和经济效益提供技术性指导。

2　规范性引用文件

NY/T 391　绿色食品　产地环境质量

NY/T 471　绿色食品　饲料及饲料添加剂使用准则

NY/T 472　绿色食品　兽药使用准则

NY/T 473　绿色食品　畜禽卫生防疫准则

3 肉牛场选址与设计

3.1 选址

3.1.1 本养殖场符合当地土地利用发展规划，与农牧业发展规划、农田基本建设规划等相结合，科学选址，合理布局。

3.1.2 场址地势高燥、远离噪声、背风向阳、排水良好、地下水位较低，具有一定的缓坡而总体平坦，未在低凹、风口处。

3.1.3 水源充足，取用方便，有贮存、净化设施，能够保证生产、生活用水，水质符合 NY/T 391 的规定。

3.1.4 场区土壤质量符合 NY/T 391 相关的规定。

3.1.5 气象综合考虑当地的气象因素，如最高温度、最低温度、湿度、年降水量、主风向、风力等，选择有利地势。

3.1.6 根据当地主风向，场址位于居民区及公共建筑群的下风向处。

3.1.7 交通便利，有专用车道直通到场。周围 1.5 千米以内无化工厂、畜产品加工厂、屠宰场、兽医院等容易产生污染的企业和单位。

3.1.8 电力充足可靠，符合相关规定的要求。

3.1.9 满足建设工程需要的水文地质和工程地质条件。

3.2 规划与布局

3.2.1 场区规划原则

建筑紧凑，在节约土地、满足当前生产需要的同时，综合考虑将来扩建和改造的可能性。

3.2.2 肉牛场分区

3.2.2.1 肉牛场按照生活管理区、饲料加工区、生产区、粪污处理区和病畜隔离区等功能区。各功能区之间有一定距离，并有防疫隔离带。

3.2.2.2 生活管理区包括与经营管理有关的建筑物，主要包括生活设施、办公设施，设在牛场常年主风向上风向及地势较高地段，设主大门，与生产区严格分开，保证50米以上的距离。

3.2.2.3 饲料加工区主要包括供水、供电、供热、维修、草料库等设施，紧靠生产区布置。干草库、饲料库、饲料加工调制车间、青贮窖设在生产区边沿下风向地势较高处。

3.2.2.4 生产区主要包括牛舍、兽医室等生产性建筑。在场区的下风位置，入口处设人员消毒室、更衣室和车辆消毒池。生产区肉牛舍合理布局，各牛舍之间保持适当距离，布局整齐，以便防疫和防火。

3.2.2.5 粪污处理区和病畜隔离区主要包括隔离牛舍、病死牛处理区、贮粪场、装卸牛台和污水池。设在场区下风向或侧风向及地势较低处，与生产区保持300米以上的间距。粪尿污水处理、病畜隔离区有单独通道和后门，便于病牛隔离、消毒和污物处理。

3.3 牛舍

3.3.1 牛舍类型：全开放式牛舍外围护结构全开放，屋顶结构采用双坡式，肉牛在舍内的排列方式为双列式，采用对头式饲养。

3.3.2 基础有足够强度和稳定性，坚固，防止地基下沉、塌陷和建筑物发生裂缝倾斜。具备良好的清粪排污系统。

3.3.3 屋顶：能防雨水、风沙侵入，隔绝太阳辐射。质轻、坚固耐用、防水、防火、隔热保温；能抵抗雨雪、强风等外力因素的影响。

3.3.4 地面：牛舍地面致密坚实，不打滑，为水泥地面，便于清洗消毒，具有良好的清粪排污系统。

3.3.5 牛床：牛床地面结实、防滑、易于冲刷，并向粪沟作1.5%

坡度倾斜。牛床以牛舒适为主，母牛、育肥牛均采用垫料、锯末。牛床设计参数如下表所示。

表　牛床面积设计参数

牛别	每头牛		分栏饲养或散栏饲养	
	长（米）	宽（米）	每栏数量（头）	每头牛面积（米^2）
成年母牛	1.60～1.80	1.10～1.20		
围产期牛	1.80～2.00	1.20～1.25		
育肥牛	1.80～1.90	1.10	10～20	4～6
育成牛	1.50～1.60	1.00～1.10		
犊牛	1.20	0.90		

3.3.6　粪尿沟：宽25～30厘米，深20～30厘米，并向贮粪池一端倾斜度为1∶（50～100）。

3.3.7　通道：双列式位于两槽之间，使用TMR车饲喂通道宽4米。

3.3.8　饲槽：设在牛床前面，槽底为圆形，槽内表面应光滑、耐用。使用TMR车饲喂食。

3.3.9　门：牛舍门高不低于5米，宽3米，坐北朝南的牛舍，东西门对着中央通道。

3.3.10　牛栏：为自由卧栏、高档育肥舍有自由分栏饲养，每个栏内可容纳15头育肥牛。

3.3.11　牛舍的建筑工艺要求：牛舍采用对头式双坡双列式，饲料通道、饲槽、粪尿沟的尺寸大小符合肉牛生理和生产活动的需要。

3.3.12 通道连接牛舍，地面不打滑，周围栏杆及其他设施无尖锐突出物。

3.4 配套设施

3.4.1 电力：牛场电力负荷为2级，并自备发电机组。

3.4.2 道路：道路通畅，与场外运输连接的主干道宽6米；通往畜舍、干草棚、饲料库、饲料加工车间、青贮窖及化粪池等运输支干道宽3米。运输饲料的道路与粪污道路分开。

3.4.3 排水场：排水场内雨水采用明沟排放，污水采用暗沟排放和发酵沉淀系统。

3.4.4 草料库：根据饲草饲料原料的供应条件，饲草贮存量满足3～8个月生产需要用量，预混合饲料的贮存量满足1～2个月生产用量。

3.4.5 青贮窖：排水要好，地下水位低，防止倒塌和地下水渗入的地方是用水泥等建筑材料制作的永久窖；墙壁直而光滑，一定深度和斜度，坚固性好；每次使用青贮窖前进行清扫、检查、消毒和修补。

3.4.6 饲料加工车间：远离饲养区，配套的饲料加工设备能满足牛场饲养的要求。配备草料粉碎机、搅拌机、全混合饲料搅拌车（TMR车）等。

3.4.7 消防设施：采用经济合理、安全可靠的消防设施。各牛舍的防火间距为6米，干草棚与牛舍及其他建筑物的间距大于100米，且不在同一主导风向上。草料库、加工车间20米以内分别设置消火栓。场内道路与场外公路畅通。

3.4.8 牛粪堆放和处理设施：粪便的贮存与处理有专门的场地，

硬化地面；牛粪的堆放和处理位置远离各类功能地表水体（距离不得小于400米），并在养殖场生产及生活管理区的常年主导风向的下风向或侧风向处。

3.4.9 牛场设有专门的装牛台和地磅。

3.4.10 场区绿化：场区绿化结合场区与牛场之间的隔离、遮阴及防风需要进行。种植能美化环境、净化空气的树种和花草，不种植有毒、有刺、飞絮的植物。

4 肉用牛的品种选择与运输

4.1 肉用牛的品种

本地夷陵黄牛。

4.2 肉牛的选择与运输

4.2.1 购牛准备工作

4.2.1.1 牛场准备：购牛前，做好牛场环境设施、圈舍、饲料、饮水与防疫等的相关准备。牛场环境设施符合 NY/T 391《绿色食品 产地环境质量》的要求；牛场防疫符合 NY/T 473《绿色食品 畜禽卫生防疫准则》的要求；牛场饲料符合 NY/T 471《绿色食品 饲料及饲料添加剂使用准则》的要求；牛场兽药使用符合 NY/T 472《绿色食品 兽药使用准则》的要求；牛场污染物处理符合 GB 18596《畜禽养殖业污染物排放标准》的要求。

4.2.1.2 异地采购的准备：购牛前，调查拟购地区的疫病发生情况，禁止从疫区购牛，牛常见传染病有口蹄疫、结核病、布病、病毒性腹泻黏膜病，牛传染性鼻气管炎；购牛前，注意牛源地的气温、饲草和饲料质量、气候等环境条件，以便调整运输与运达后的饲养管理措施。

4.2.2 选牛

4.2.2.1 牛的来源、免疫记录及申请检疫：选来源清楚的健康牛，营养与精神状态良好，被毛光亮，无卧地不起、发热、咳嗽、腹泻等临床发病症状；检查牛的免疫记录，确保拟购牛处于口蹄疫等疫苗的免疫保护期内；按国家规定对拟购牛只申请检疫，检疫符合相关法律法规要求。

4.2.2.2 牛只运输的准备工作：人员由有经验的选购人员、兽医及押运人员组成；运输车辆用消毒液消毒，并准备好饲草、饮水工具、铁锹等；运输前备齐各种证件，包括准运证、兽医卫生健康证明（非疫区证明、防疫证、检疫证）、车辆消毒证件；运前3~4小时停喂具有轻泻性的青贮饲料、鲜草等，装运前2~3小时不能超量饮水；运输汽车护栏高度不低于1.5米，装车前给车上铺一层沙土防滑或均匀铺垫熏蒸消毒过、厚度20~30厘米以上的干草或草垫防滑，有防晒、防风、挡雨设施。

4.2.3 运输

4.2.3.1 运输季节：牛的运输以春、秋两季为主，夏季不调运。

4.2.3.2 车速：尽量保持车行均速，切忌急转弯和急刹车。

4.2.3.3 途中检查：运输中每隔4~5小时应检查一次牛群状况，将躺下的牛及时扶起以防止被踩伤。在远途运输过程中，保证牛只每天饮水3~4次，每天给予优质干草。

4.2.3.4 途中牛只的护理：在途中有牛只滑倒扭伤、牛前胃迟缓、流产等，采取简单易操作的肌内注射方式，以抗炎、解热、镇痛的治疗方针，对症用药控制病情发展。

4.2.4 卸载

4.2.4.1 卸车：运输车辆到达目的地后，要在专用台上让牛只自由下车，放入隔离牛舍中，并核对牛只数量。

4.2.4.2 饲喂：牛只入舍后休息 1.5～2 小时后给少量饮水，给少量优质干草，勿暴饮暴食。

4.2.4.3 交接：牛只运达后，立即办理交接手续。

4.2.5 隔离与过渡

4.2.5.1 购回的肉牛集中在单独圈舍中隔离饲养进行应激处置，过渡期 1 个月。

4.2.5.2 为新到肉牛提供清洁饮水。

4.2.6 防疫与治疗措施

4.2.6.1 隔离期间进行驱虫与免疫接种，证明肉牛健康无病时并入育肥牛牛舍。防疫措施根据 NY/T 473《绿色食品 畜禽卫生防疫准则》执行。

4.2.6.2 入育肥牛牛舍前进行全群检疫。

4.2.6.3 疾病的治疗符合 NY/T 472《绿色食品 兽药使用准则》，严格遵守规定的用法与用量。

4.2.6.4 并群后对所有隔离的空牛舍进行彻底消毒处理。

5　饲料与日粮配制

5.1　干稻草的制备

干稻草为外购，供货商为通过绿色食品水稻认证的企业，采购的干稻草要求是该企业种植的绿色食品水稻所产出，色泽新鲜，味道清香，无混杂物，无发霉发黑。

5.2　青贮饲料的加工

5.2.1 收割时期：制作青贮的玉米最适宜的收割期为乳熟后期至

蜡熟期。判断最适收获期,一是查看乳线,如果玉米已有籽实,可掰开玉米棒查看乳线;乳线距玉米粒外缘40%~50%时,可收割青贮,此时水分含量适中,营养最高;二是查看干尖,当玉米棒以上部分有20%或者未结实玉米秸秆有10%的长度发黄、发干时,可收割青贮,此时水分含量适中,营养最高。

5.2.2 水分含量:入窖时原料的水分控制在65%~70%为最佳,水分过高过低都会影响青贮的品质。青贮原料应含一定的可溶性糖,最低含量应达2%,当青贮原料含糖量不足时,应掺入含糖量较高的青绿饲料或添加适量淀粉、糖蜜等。

5.2.3 制作方法:原料在青贮前,切碎为1.5~3.5厘米。往青贮窖中装料,边往窖中填料,边用装载机或链轨推土机层层压实,时间一般不超过3天。在青贮的贮藏期,经常检查塑料布的密封情况,有破损的地方及时进行修补。青贮饲料一般在制作45天后可以使用。密封完好的青贮饲料,原则上以1~2年使用完毕为宜,取青贮时沿纵切面均匀取用,保持饲喂时营养成分和水分稳定。

5.2.4 饲料的贮藏:饲料的贮藏要防雨、防潮、防火、防冻、防霉变、防发酵、防鼠、防虫害;饲料堆放整齐,标识鲜明,先进先出;饲料库有严格的管理制度,有准确的出入库、用料和库存记录。

5.3 日粮的配制

5.3.1 配制原则根据相关规程执行。饲养标准是根据肉牛营养需要的平均数制定的。

5.3.2 在配制日粮时按年龄、体重、性别、生产性能(日增重)和生理状态等情况将肉牛群中条件相似的划分为一组,然后分别为每一组肉牛配制一种日粮,个体间需要量的差异可在具体饲喂时通过增减喂量加以调整。

5.3.3 全混合日粮（TMR）：根据肉牛营养需要，按合理的比例及要求，利用专用饲料搅拌机械将稻草、青贮等进行搅拌，使之成为混合均匀、营养平衡的一种日粮。全混合日粮水分控制在45%～50%。

6 饲养管理

6.1 肉牛饲养管理的一般原则

牛的一般饲养管理原则是指对不同性别、不同年龄的牛进行饲养管理的共同要求，按照定时定量饲喂、充足饮水、保持牛舍和牛体清洁卫生、经常梳刷、注意加强运动的原则进行管理。

6.2 饲养方式

散栏饲养：舍饲，将体重、品种、年龄相似的肉牛饲养在同一栏内，便于控制采食量和调整日粮，育肥牛可做到全进全出。散栏饲养需要散栏牛舍、饲料搅拌车、铲车等设备。育肥牛的散栏饲养是15头牛饲养在同一栏内，便于TMR饲喂。

6.3 肉用牛育肥

6.3.1 肉用牛育肥方式

6.3.1.1 按育肥牛的年龄划分：育成牛的育肥、成龄牛育肥、犊牛育肥。

6.3.1.2 按饲养方式划分：持续肥育法（直线育肥）、后期集中肥育法（青贮育肥）。

6.3.2 肉用牛育肥方法

6.3.2.1 持续肥育法（直线育肥）：犊牛断奶后就进入肥育阶段进行育肥，或断奶后转入专门化的肥育场进行集中育肥，饲养18～20月龄，体重达500千克以上出栏。

6.3.2.2 后期集中肥育法——青贮育肥：初始体重在 250 千克时，第一阶段体重 250～350 千克，日增重可达到 1.1 千克以上，第二阶段体重 350～450 千克，日增重可达到 1.2～1.3 千克，第三阶段体重 450～550 千克，日增重达 1.2 千克以上。饲养时，每 10 天调整一次饲喂量，因为随着牛体重的增加与采食量增加，各阶段配方比例不变，只增加饲喂量和采食量。

7 卫生与防疫

7.1 卫生防疫

7.1.1 防疫总则：肉牛场贯彻"以防为主，防治结合"的方针，日常防疫的目的是防止疾病传入或发生，控制传染病和寄生虫病的传播。

7.1.2 防疫措施：肉牛场建立出入登记制度，非生产人员不得进入生产区，谢绝参观。职工进入生产区，穿戴工作服经过消毒间，洗手消毒后方可入场。肉牛场员工每年必须进行一次健康检查，如患传染性疾病应及时在场外治疗，痊愈后方可上岗。新招员工必须经健康检查，确认无结核病与其他传染病。肉牛场不得饲养其他畜禽，特殊情况需要饲养狗的，应加强管理，并实施防疫和驱虫处理。禁止将畜禽及其产品带入场区。

7.1.3 定点堆放牛粪，定期喷洒杀虫剂，防止蚊蝇滋生。死亡牛只作无害化处理，尸体接触的器具和环境做好清洁及消毒工作。外来或购入的牛应持有法定单位的健康检疫证明，并经隔离观察和检疫后确认无传染病时方可并群饲养，当场内、场外出现传染病时应立即采取隔离封锁和其他应急措施，并向上级业务主管部门报告。

7.1.4 出售牛只经检疫并取得检疫合格证明后方可出场。运牛车辆必须经过严格消毒后进入指定区域装车。当肉牛发生疑似传染病或附近牧场出现烈性传染病时，应立即采取隔离封锁和其他应急措施。

7.2 消毒

7.2.1 消毒剂：选择对肉牛和环境比较安全、没有残留毒性、对设备没有破坏、不伤害牛只体表及在牛体内不应产生有害积累的消毒剂。

7.2.2 消毒方法：喷雾消毒、浸液消毒、紫外线消毒、喷洒消毒、热水消毒。

7.2.3 消毒制度：建立消毒制度，对养殖场的环境、牛舍、用具、购买的外来牛、来往人员均须进行消毒；各类生产操作（助产、配种、注射治疗及任何与肉牛发生接触的操作）之前进行消毒。

7.3 免疫

肉牛场根据《中华人民共和国动物防疫法》等相关法规的要求，结合当地实际情况，对规定疫病和有选择的疫病进行预防接种工作，并注意选择适宜的疫苗、免疫程序和免疫方法。

7.4 检疫

牛场按照国家有关规定和当地畜牧兽医主管部门的具体要求，对结核、布鲁氏菌病等传染性疾病进行定期检疫。

7.5 兽药使用准则

7.5.1 禁止在饲料及饲料产品中添加未经国家兽医行政主管部门批准的兽药品种，特别是影响肉牛生殖的激素类药、具有雌激素类似功能的物质、催眠镇静药和肾上腺素能药等兽药。

7.5.2 允许使用符合规定的用于肉牛疾病预防和治疗的中药材和中成药。允许使用符合规定的钙、磷、硒、钾等补充药，酸碱平衡药，体液补充药，电解质补充药，血容量补充药，抗贫血药，维生素类药，吸附药，泻药，润滑剂，酸化剂，局部止血药，收敛药和助消化药。

7.5.3 允许使用国家兽药主管部门批准的抗菌药、抗寄生虫药和生殖激素类药，但应严格遵守规定的给药途径、使用剂量、疗程和注意事项。严格遵守休药期的规定。

7.5.4 慎用作用于神经系统、循环系统、呼吸系统、泌尿系统的兽药及其他兽药。

7.5.5 建立并保存肉牛的免疫程序记录；建立并保存患病肉牛的治疗记录，包括患病肉牛的畜号或其他标志、发病时间及症状、治疗用药的过程、治疗时间、疗程、所用药物商品名称及有效成分。

8 粪便及废弃物处理

8.1 原则

粪污遵循减量化、无害化和资源化利用的原则。养殖场建立配套的粪污处理设施，并进行无害化处理。养殖场发生重大疫情应按动物防疫有关要求对粪便进行处理。

8.2 处理方法

粪污处理和利用模式有沼气生态模式、种养平衡模式、土地利用模式。

8.3 处理要求

8.3.1 养殖场采用干清粪工艺，节约水资源，减少污染物排放量。

8.3.2 养殖场实行粪尿干湿分离、雨污分流、污水分质输送，以减少排污量。对雨水可采用专用沟渠、防渗漏材料等进行有组织排水；对污水应用暗道收集，改明沟排污为暗道排污。

8.3.3 粪便经过无害化处理后可作为农家肥施用，也可作为商品有机肥或复混肥加工的原料。未经无害化处理的粪便不得直接施用。

8.3.4 固体粪便无害化处理采用静态通风发酵堆肥技术。粪便堆积保持发酵温度50℃以上，时间应不少于7天；或保持发酵温度45℃以上，时间不少于14天。

9 记录与档案管理

根据《畜禽标识与养殖档案管理办法》建立肉牛生产记录制度，对日常生产、活动等进行记录，以便及时掌握肉牛的生产情况，记录资料包括牛群周转记录、日饲料消耗记录、出入记录、卫生防疫与保健记录、饲料兽药使用记录、饲料和兽药的使用记录等。建立健全包括牛群购销、疫病防控、饲料采购、人员雇用等生产管理档案管理制度。

生产管理制度、防疫消毒制度、饲养管理操作规程、合理的免疫程序全部上墙。

（二）企业标准《冷链物流作业规范》

××有限责任公司的企业标准《冷链物流作业规范》范例如下。

冷链物流作业规范

1 范围

本标准规定了××有限责任公司牛肉与牛肉制品冷链物流的基本原则、基本要求、冷链作业、包装与标识等。本标准适用于本公司牛肉与肉制品冷链物流过程中的温控与作业管理。

2 规范性引用文件

下列文件对于本文件的应用是必不可少的。凡是注日期的引用文件，所注日期的版本适用于本文件。凡是不注日期的引用文件，其最新版本（包括所有的修改单）适用于本文件。

NY/T 2799　绿色食品　畜肉

NY/T 843　绿色食品　畜禽肉制品

NY/T 1056　绿色食品　贮藏运输准则

GB/T 28843　食品冷链物流追溯管理要求

3 术语和定义

下列术语和定义适用于本文件。

3.1 肉与肉制品冷链物流

肉与肉制品在温度控制的物流网从供应地向接收地实体流动过程。根据实际需要，将运输、仓储、配送、交接等基本功能实施有机结合。

4 基本原则

4.1 应保证肉与肉制品在运输、仓储、配送、交接等过程均在规定的温度要求下进行。

4.2 应有防止温度变化影响肉与肉制品质量的控制措施。

4.3 服务过程应满足时效性要求，各个环节的操作应在规定的时间内完成。

4.4 肉与肉制品温度检测方法应符合相关的规定。

4.5 在运输、仓储、配送、交接等过程中应采用温度记录设备和温度检测工具进行温度监控和记录，必要时，应对湿度进行监控；作业过程中，进行必要的产品温度和质量的查验和交接。

4.6 不同肉与肉制品的记录应规定保存时间，保存期限不得少于产品保质期满后 6 个月；没有明确保质期的，保存期限不得少于两年。

4.7 应建立符合肉与肉制品冷链物流要求的管理体系文件，应按照规定的程序进行控制和实施，保证各类载体文件的现行有效。

5 基本要求

5.1 管理制度

5.1.1 应建立保障肉与肉制品运输、仓储、配送、交接等各环节温度要求的制度文件。

5.1.2 应建立有效控制风险的措施。

5.1.3 应建立重大事故及险情报告制度。

5.1.4 应建立应急救援现场组织预案。

5.1.5 应建立肉与肉制品运输、仓储、配送、交接等环节的交接制度。

5.2 人员

5.2.1 直接接触肉与肉制品的工作人员应持有有效的食品行业健康证明。

5.2.2 从事肉与肉制品冷链服务各环节工作的人员，应接受过肉与肉制品运输、仓储、配送、交接、检验及突发状况应急处理等相关知识和技能培训，并经考核合格。

5.3 设施设备

5.3.1 应具有与肉制品冷链温控要求相适应的运输、仓储、配送、交接等设施设备。

5.3.2 肉与肉制品运输应使用温控运输设备。

5.3.3 运输工具厢体应配备温度自动记录装置并运行正常。

5.3.4 封闭式月台温度应保持在 5 ~ 10℃，并具备配套的制冷系统或保温条件的缓冲间。

5.3.5 冷库应配备自动监测、自动调控、自动记录及报警装置。温（湿）度自动监测布点应经过验证，监测（记录）的温（湿）度应符合标准要求。

5.3.6 计量器具应定期校验并有检定证明。

5.3.7 当有带板运输时，宜使用 1.2 米 × 1.1 米托盘。

5.4 信息系统

5.4.1 应建立仓储、运输、设备等信息管理系统。

5.4.2 信息管理系统应具备监控、查询、报警、追溯等功能，并与上下游实现共享。

6 冷链作业

6.1 冷链作业流程

冷链作业流程如图所示。

6.2 生产仓储

冷藏的肉与肉制品入库时温度 0 ~ 4℃，冷藏间温度 0 ~ 4℃；冷冻肉品温度 -18℃以下，冷冻间温度（-18±1）℃。

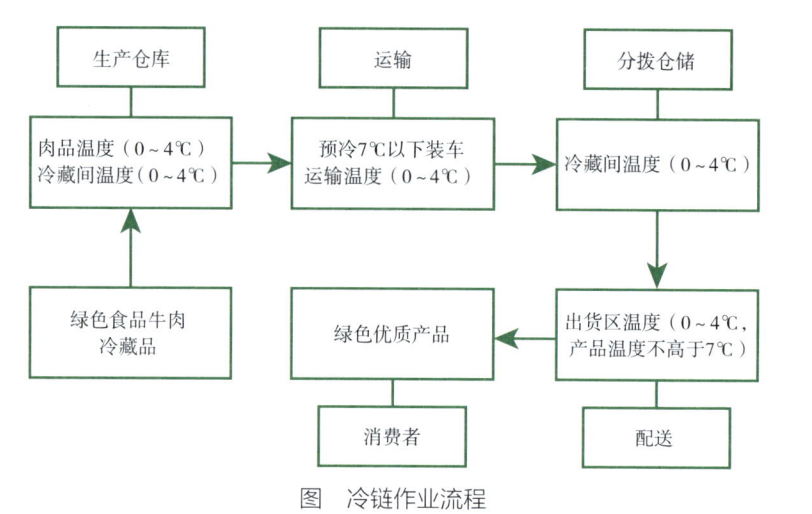

图　冷链作业流程

6.3　运输

6.3.1　应根据肉与肉制品的类型、特性、运输季节、运输距离的要求选择不同的运输工具和配送线路。

6.3.2　装车前，保持车辆清洁卫生；运输前车辆应进行清洗消毒，并符合相关规定；装载时冷冻肉与肉制品温度应达到-15℃或达到双方约定的收货温度，同时装车前，车厢温度宜预冷至-10℃；冷藏肉与肉制品的车厢温度应预冷至7℃以下时方可装运。

6.3.3　装车过程宜使用物流工具，确保在较短时间内装车完毕。

6.3.4　散装生、熟肉品，易串味肉品等不能混装于同一托盘、同一车辆，含有独立包装的预包装肉与肉制品可采用物理隔离等方法装载于同一车辆内。

6.3.5　装车完成后，根据肉品运输要求，设置车厢的制冷温度，确认制冷机组正常运转后，依指定路线配送。

6.3.6　运输过程制冷系统应保持正常运转状态，全程温度应控制在指定的温度范围内。冷藏设备的温度记录间隔时间不应超过1小时/次。冷藏设备温度偏离设定范围时，应采取纠正行动。

6.3.7　冷藏肉与肉制品运输作业应符合NY/T 1056中的相关规定，冷冻肉与肉制品运输作业应符合相关规定要求。冷藏肉与肉制品在运输过程中厢体内温度应保持0～4℃，产品温度应保持在0～4℃；冷冻肉与肉制品在运输过程中厢体内温度保持-18℃以下，厢体内温度最高允许升温到-15℃，产品温度保持-15℃或更低的温度。

6.4　分拨仓储

6.4.1　肉与肉制品到货时，应对其运输方式及运输过程的温度记录、运输时间等质量控制状况进行重点检查和记录，到货冷冻肉与肉制品温度高于-15℃或高于双方约定的最高接受温度时，冷藏肉品高于4℃或高于双方约定的最高接受温度时，收货方应及时通知货主，双方按合同约定协商处理。

6.4.2　经检验合格的肉与肉制品才能入库储藏，并依据进货信息和随货清单做好记录。

6.4.3　冷藏、冷冻肉品储存作业应分别符合NY/T 1056的规定。

6.4.4　肉与肉制品堆码应按照分区、分类、生产批次和温度等进行管理。

6.4.5　肉与肉制品堆码应符合NY/T 1056的规定，堆放高度以纸箱受压不变形为宜，散装货物堆放高度不宜高于冷风机下端部位。

6.4.6　冷库温度波动幅度不应超过±2℃；在肉与肉制品出入库时，库房温度升高不应超过3℃。温度的测定按NY/T 1056的规定执行。

6.4.7　冷库温度记录间隔时间不应超过2小时/次，温度偏离设定范围时，应采取纠正行动。

6.5 配送

6.5.1 肉与肉制品出货前应确认包装是否良好，装卸过程中不应损坏其外包装。

6.5.2 肉与肉制品的出货暂存区的温度要求在 5～10℃，暂存时间不得超过 1 小时。

6.5.3 肉与肉制品出库和装车、卸车应在规定的时间内完成，使用的方法应以产品温度上升不超过 3℃为宜。

6.6 交接

6.6.1 肉与肉制品交接过程应保持作业环境温度符合相关标准规定。

6.6.2 应根据合同标注或标准要求在规定的时间、规定地点进行交接，交接内容包括但不限于以下项目：产品出入库时间、品类、数量、产品温度、运输厢体温度、生产日期、保质期、贮藏条件、产品内外包装标准及车厢内卫生状况，并经双方签字确认。

6.6.3 交接发生异议时，应在保证肉与肉制品质量安全的条件下，按照合同规定及时处理。

6.6.4 应保留交接过程中所有可追溯的记录单据，追溯信息应符合 GB/T 28843 的规定。

6.7 不合格品处理

在运输、仓储、配送、交接等过程中，肉与肉制品质量受到或可能受到影响的，应进行不合格品处理。

（三）企业标准《肉牛屠宰加工操作规程》

××有限责任公司的企业标准《肉牛屠宰加工操作规程》范例如下。

肉牛屠宰加工操作规程

1 宰前检验

宰前检验包括验收检验、待宰检验和送宰检验，应采用看、听、摸、检等方法。

1.1 验收检验

1.1.1 卸车前应索取产地动物防疫监督机构开具的检疫合格证明，证明文件上必须明确"无疫病、未使用违禁药物"等方面的内容，若证明文件不全或证明内容不确切退还畜主。证明文件齐全确切的临车观察，未见异常、证货相符时准予卸车。

1.1.2 卸车后应观察牛的健康状况，按检查结果进行分圈管理。合格的牛送待宰圈；可疑病畜送隔离圈观察，饮水、休息后恢复正常的，并入待宰圈；病畜和伤残的牛只送急宰间处理。

1.2 待宰检验

1.2.1 待宰期间检验人员应定时观察，发现病畜送急宰间处理。

1.2.2 待宰的牛只宰前应停食静养12～24小时、宰前3小时停止饮水。

1.3 送宰检验

1.3.1 牛送宰前，应进行一次群检。

1.3.2 牛送宰前进行全体体温检测（牛的正常体温是37～39℃）。

1.3.3 经检验合格的牛由宰前检验人员签发《准宰通知单》注明畜种、送宰头数和产地，屠宰车间凭证屠宰。

1.3.4 体温高、无病态的，可最后送宰。

1.3.5 病畜由检验人员签发急宰证明，送急宰间处理。

1.4 急宰牛的处理

1.4.1 急宰车间工作人员持宰前检验人员签发的急宰证明，及时对牛进行屠宰、检验。在检验过程中发现难以确认的病变时，应请检验负责人会诊处理。

1.4.2 死畜不得屠宰，应送非食品处理间处理。

2 赶挂

2.1 屠宰车间负责人接到兽医人员出具的准宰通知单后准备屠宰，赶牛人员要在屠畜进入待宰圈之前，按准宰通知单的头数进行核对无误，方可在准宰通知单上签字。

2.2 赶牛人员及时把牛驱赶进屠宰车间，在驱赶过程中，严禁用棍棒驱赶、乱打，以免出现淤血或损伤，避免使屠畜受到强烈的刺激，造成屠畜过度紧张，影响屠畜放血，造成产品的质量下降。

3 吊挂屠宰放血

3.1 宰牛人员把牛用缰绳及时准确系挂在牵牛机下端链轨挂钩上，启动牵牛机将屠牛送至放血轨道上，挂牛间距不应小于 1.2 米。

3.2 采用伊斯兰教方式屠宰。

3.3 下刀位置要准确，放血时间 8～12 分钟。

4 冲洗

4.1 未剥皮的牛必须用水冲透。

4.2 牛脖下刀处的血污冲洗干净。

5 剥皮

5.1 剥左后小腿、左臀部、尾部皮。①操作技术人员一手抓住牛屠体左后腿，一手握刀，刀尖向前，刀刃向下自阴囊（会阴）正中线处下刀切开皮肤，至肛门处，然后，一手抓住左后腿趾关节处，一手握刀，平端刀身，横向用刀在跖骨离趾关节最近处皮肤入刀转割一圈割开皮肤。②一手抓住开口皮，一手握刀，刀尖向下，刀刃向外，自开口处下刀挑开皮肤。

5.2 剥右后小腿，右臀部皮。一手抓住开口皮，一手握刀，刀尖朝前，刀刃朝下，自开口处下刀依次预剥下左后腿、右臀部皮。

5.3 一手抓住肛门外侧皮肤或用刀将肛门穿孔，手指伸过钩住，一手握刀，刀尖自肛门外侧任意处下刀，转割一圈，切开肛门周围皮肤、肌肉、结缔组织，左手及时将肛门（直肠）提起并用塑料薄膜袋裹好，用结实卫生的绳子系牢袋口和直肠，以免出腔时污染胴体。

5.4 倒挂操作人员启动提升机开关，将钩子钩住右后腿拐筋处，将牛屠体提升到高于左后腿，将左后腿钩子摘下，挂到另一滑道上，在将左右后腿挂上。

5.5 割左右后蹄。操作人员一手抓住左右后蹄跖骨处，一手握剪蹄剪刀，分别剪下左右后蹄。

5.6 剥左右侧腹部皮。①操作人员一手抓住牛屠体左侧腹部皮，刀尖向下，刀刃向外，从剑状软骨正中线入刀，挑开牛皮，沿腹部正中线向上走刀，切开至阴囊（会阴）皮切口处。②一手抓住牛屠体，一侧腹部皮切口处，一手握刀，刀尖向上，刀刃向内，轻轻剥开一侧腹部皮，露出云皮肉为止（不许破坏云皮肉）按以上操作要求剥开右侧腹部皮。

5.7 剥左右侧胸、颈部、前腿皮。①操作人员，一手依次抓住胸颈处皮，刀刃向下，刀刃向外，从剑状软骨处皮切口入刀，沿胸颈正中线挑至放血创口处。②一手依次抓住左胸切口处皮肤，一手握刀，刀尖向上，刀刃向内，自皮肤切口处，向左胸线轻剥数刀，接着一手握刀，刀尖向前，刀刃向上，从左前腿指关节皮肤处下刀挑至胸前皮肤开口处，位置要正，接着，一手依次抓住左胸、左前腿和颈左侧皮肤切口，一手握刀，刀刃向内，从皮肤切口处，将左胸、前腿、颈部皮肤剥开。按以上操作要求剥开右侧胸、颈、前腿皮。

5.8 下头去左右前蹄。操作人员从放血创口处入刀，切开枕关节和颈部肌肉，把牛头割下，从腕关节处割下左右前蹄。

5.9 做食管。操作人员将颈下部肌肉和食气管之间疏松结缔组织剖开，将食管、气管露出，一手抓住食管，轻用力拉一拉，轻轻转割一刀，切开食管表层，挽系牢。

5.10 机器扯皮。①操作人员首先在牛屠体两只前腿腕关节肌筋健处穿孔，挂钩链将两只前腿稳固在栓腿架上，将左右前腿皮放入扯皮机锁钩内锁紧，启动扯皮机，在扯皮过程中设专人扯皮，控制扯皮速度，不能将肉带在皮上。②扯下的牛皮应用专用运输设备将其及时送出车间，不得在车间内长期存放。

6 出白腔

腹部剖开后，肠胃自行流出一部分，这时操作人员一手先将肚油取下，放入专用容器中，一手将直肠拽出，然后双手同时用力将肠胃自腹腔内取出，放入专用容器内，同步检验合格后，输送至白下货车间。

7 出红下货

7.1 操作人员一手抓住膈肌,一手握刀,刀尖朝下,贴胸腔到内壁,将膈肌割开,同时用刀将心血管紧贴胸腔割开,膈肌取出放入专用容器内。一手抓住气管,用力上提,将心、肝、肺分别放入专用容器内,同步检合格后,输送至红下货车间。

7.2 取腰油、腰子。操作人员将腰油从腹腔取出,腰子连带取出,放入指定容器内。

7.3 去尾、鞭、奶渣。

7.4 将尾椎切下,放入专用容器内。

7.5 将牛鞭切下,放入专用容器内。

7.6 将奶渣切下,放入专用容器内。

8 冲洗摘毛

将牛腹部、浅部等刀口处用毛刷沾水刷净或用手摘干净(污物)。

9 检疫

9.1 宰后检疫

9.1.1 头和内脏检查,主要以检查和剖检为主,对胴体和脏器进行病理学诊断和处理,即主要通过视检、剖检、触检和嗅检等方法来实现。

视检:即观察肉尸的皮肤、肌肉、胸腹腔、脂肪、骨骼关节、天然孔的各种脏器的色泽、形态、大小组织状态等是否正常。

剖检:借助检验器械,剖开观察肉尸组织、器官的隐蔽部分或深层组织的变化。

触检：借助于检验器械触压或用手触摸，以判定组织、器官的弹性和软硬度，从而能发现软组织深部的关节病灶。

嗅检：对于不明显特征变化的各种异常气味和病理性气味，均可用嗅觉判断出来。

9.1.2 检查脏器的病损部位时，应采取措施防止病料污染产品、地面、设备、器具。卫检人员应备两套检验卫生器具，以便遇到病料污染时，可用另一套消过毒的卫生器具替换，被污染的刀具在修割病变组织后，应立即置于消毒药液中进行消毒。

9.1.3 淋巴结和髂下淋巴结放入专用容器内。

9.2 检验后肉品处理

9.2.1 正常肉品的处理

胴体和内脏经检验确认来自健康牲畜，可接转入下道工序。

9.2.2 异常肉品处理

胴体和内脏经检验确认有异常情况，可根据肉品卫生有关规定进行如下处理。

9.2.2.1 局部污染病灶，割除污染病灶转入下道工序。

9.2.2.2 对异味较轻、未腐败的，经散味后，转入下道工序。

9.2.2.3 对严重污染病变、异常气味严重的，废弃做工业用原料。

9.2.2.4 发现有严重传染病的必须进行销毁处理,并监督销毁过程。

10 检斤、胴体修整、冲淋

10.1 软骨处入刀，刀刃朝向背最长肌，截到腰椎连接处截断，分成四分体牛前，牛后。

10.2 将牛四分体轨道称重，准确检斤，并做好记录。

10.3 胴体修整。操作人员一手拿组织镊或专用钩子，一手握刀切除胴体表面污染面、淤血、皮角、病灶、胸腺，分别放入各自的专用容器内。胴体修整操作人员如发现有病灶，在卫检人员看过之前绝不能割掉任何有病的部分，一定要执行检验人员割除某部分的指示和处理决定。

10.4 冲淋。操作人员启动高压清洗机，一手握住喷枪手柄对胴体表面进行彻底冲洗，洗净胴体表面血污、粪污及其他异物杂物。冲洗时，喷嘴与胴体表面要保持一定距离，不应过近，以免将水注入深层肌肉里而影响产品质量。清洗时辅助使用长柄尼龙刷子刷拭污染面，易于冲洗干净。

11 剔骨

11.1 剔四分体牛后

11.1.1 掰档：一手拉住左后肢，一手握刀，从牛的骨盆联合处切开，然后用刀插入左肋骨间隙向前顶住，左手握住牛尾椎骨，向牛腹部掰开骶髂关节，用刀前部沿腰椎横突刮下至肋缘。

11.1.2 剔后腿：一手抓住左后腿的胫骨前端，另一手握刀，沿胫骨左向切开部分与胫骨相连的牛展，反转刀刃，上下挑3刀，隔离与胫骨相连的其他部分牛展。一手抓住胫骨，一手握刀，从股骨头入刀，顺股骨走向剥出股骨头，然后抓住股骨头，刀刃向下令股骨肉分离。取下左右腿肉连带的窝骨，将腓跗骨与胫骨隔离，取下拐筋。

11.2 剔四分体牛前

11.2.1 剔前腿：一手握刀，刀刃向下，将滑车关节面端的肌腱划开，划开时手握关节窝这端，用刀取出桡骨。一手握刀，先将肱骨髁端肌腱划开，刀向上推至肱骨头，露出肱骨。一手握住肱骨头，另一手握刀，沿肩胛骨下肌侧下缘划开至肩胛软骨，用刀刮开肩峰处，用刀将肩胛骨拉出，再把肱关节窝的肌腱划开取出肱骨。

11.2.2　片胸：用刀紧贴胸骨外壁片至胸骨柄前缘，再将左右胸壁肌肉片至肋骨与肋软骨结合处。

11.2.3　穿脊：一手抓住牛胴体一侧，另一手握刀，刀刃向外，刀尖向下从骶髂关节入刀紧贴腰椎、胸椎棘两侧，穿至环椎，必须穿通，以免影响下道工序。

11.2.4　倒脖：一手抓住脖头，另一手握刀从脖背侧中间划开，再用刀刃前部剔出两侧环椎翼，再顺次剔出颈椎骨。

11.2.5　刮笼：一手拉住牛左侧脖头肉，另一手握刀，沿肋骨上缘刮开骨膜，然后将刀贴肋骨下缘插入肋骨根部，用刀刃用力切至肋骨结处，与肋骨根连接的肌肉以此法顺次刮完肋骨，骨膜一定要刮开，以保证肋排完整，但不能刮出骨茬，以防止肋排有骨刺（右侧同左侧）。

11.2.6　取骨髓：将脖骨与龙骨分开，然后用力将骨髓拉出；将髂骨与龙骨分开，方法同上。

12　冷却排酸

12.1　操作要求

操作人员将剔好的牛四分体肉挂到滑道上，推进排酸间。按每1米长轨道吊3块肉，吊挂时距离要均匀，排列有序，进出时随手关门。

12.2 排酸控制标准

12.2.1 温度 0 ~ 4℃。

12.2.2 相对湿度 85% ~ 90%。

12.2.3 排酸时间 48 小时。

12.2.4 入排酸间的肉中心温度应在 2 ~ 7℃，接着控制在 0 ~ 2℃ 范围内，维持到结束。

12.2.5 每 8 小时测一次肉中心温度和检查一次排酸间温度，湿度不足可往排酸间地面喷水。

12.2.6 测试肉中心温度方法：将数字温度计金属控头分别从牛肩部、后臀部插入深层肉中，看显示屏显示的温度为实际温度。

注：排酸间应增加设置温度计，包括干湿温度计和数字温度计。

12.3 检查与质量标准

12.3.1 牛四分体体距准确，排列有序。

12.3.2 按规定时间和要求检测温度，监督其变化情况，无漏测现象发生，并做好排酸间日报记录。

12.3.3 发现异常情况及时上报车间负责人。

13 修割

13.1 内销产品修割

牛后：无残骨淤血、可视淋巴结、血污、软骨、大面积黏膜、大面积脂肪。

牛前：去掉胸腺、肩前淋巴及表皮脂肪，修掉贴骨面的骨皮、软骨、血管、血污及杂质（牛毛、粪污、异物）。

13.2　部位肉的修割

针扒（米龙）：修掉表面血污、牛毛及骨皮、软骨、修掉表面脂肪，保留其筋膜。

烩扒（黄瓜条）：修掉表面血污、牛毛及骨皮、软骨、修掉表面脂肪，保留脍扒筋。

尾龙扒（臀肉）：修掉表面血污、牛毛及骨皮、软骨、修掉表面脂肪，保留筋膜完整、肉形完整。

霖肉（和尚头）：去掉窝骨和窝骨筋，修掉表面血污、牛毛及骨皮、软骨，修掉表面脂肪，保留筋膜完整。

牛展（腱子肉）：分精修和普通修割两种形式。

精修：去掉表面血污、牛毛，去掉表面筋皮及其表面脂肪，去掉筋头。

普通修割：去掉表面血污、牛毛等杂质，去掉筋头。

西冷（外脊）：按照其自然形状与牛前部肉分离，去掉贴骨面的骨皮，去掉西冷面脂肪及脂肪膜，保持其筋膜完整、肉形完整。

牛柳（牛柳）：修掉表面脂肪，去掉侧柳，去掉贴骨面的脂肪及骨皮，保持肉形完整。

牛胸（去骨牛排）：去骨后的牛前部位肉，按照其自然形状将去骨后的牛排与牛前分离，去掉贴骨面的骨皮、残骨，修去残毛、血污。

牛腩：修掉黏膜、粪污、血污、毛、杂质，去掉腹黄膜1/3。

（四）企业标准《绿色食品　玉米生产操作规程》

××有限责任公司的企业标准《绿色食品　玉米生产操作规程》范例如下。

绿色食品 玉米生产操作规程

1 范围

本规程规定了绿色食品玉米的产地环境、品种选择、整地、播种、田间管理、采收、生产废弃物的处理、贮藏及生产记录档案。

2 规范性引用文件

下列文件对于本文件的应用是必不可少的。凡是注日期的引用文件，仅注日期的版本适用于本文件。凡是不注日期的引用文件，其最新版本（包括所有的修改单）适用于本文件。

GB 4404.1 粮食作物种子 第1部分：禾谷类
NY/T 391 绿色食品 产地环境质量
NY/T 393 绿色食品 农药使用准则
NY/T 394 绿色食品 肥料使用准则
NY/T 1056 绿色食品 贮藏运输准则

3 产地环境

3.1 环境条件

应符合NY/T 391的要求。应选择生态环境良好、无污染的地区，远离工矿区、公路和铁路干线，避开污染源。应与常规生产区域之间设置有效的缓冲带或物理屏障。

3.2 气候条件

年10℃以上活动积温宜不少于2 100℃，年降水量在350毫米以上。

3.3 土壤条件

宜选用集中连片、地势平坦、排灌方便、耕层深厚肥沃、理化性状和耕性良好的土壤，pH值宜在6.5～7.5。

4 品种选择

4.1 选择原则

选择经国家或与本省审定推广或登记的高产、优质、耐密、抗逆、适合机械化生产等综合性状好，适宜当地生态条件的非转基因玉米优良品种。

4.2 品种选用

种植品种为本市推广的裕丰303品种。

4.3 种子质量

种子质量符合GB 4404.1的规定。纯度不低于98%，净度不低于98%，含水量不高于16%，发芽率90%以上。购买已包衣的种子，其种衣剂选用必须符合NY/T 393的规定。

4.4 种子处理

4.4.1 精选种子：播种前要进行精选种子，剔除病斑粒、虫蚀粒、破碎粒等不合格种子和杂质。

4.4.2 晒种：播前10～15天，选择晴朗微风天气，将种子摊在干燥向阳的地面或席上，晾晒2～3天，并经常翻动，白天晾晒、晚上收起。

4.4.3 种子包衣：种衣剂的选用符合NY/T 393附录A的要求，按照产品说明书进行包衣操作；防治蛴螬、金针虫、蝼蛄等地下害虫，可选用3%辛硫磷水乳种衣剂，按药种比1：（30～40）进行种子包衣；防治丝黑穗病和金针虫，可选用6.5%戊·氯·吡虫啉悬浮种衣剂，按药种比1：（70～80）进行种子包衣。

4.4.4　发芽率测定：播种前进行发芽试验，种子发芽率应达到90%以上。

5　整地

5.1　选地

选择地势平坦、耕层深厚、肥力较高、保水保肥性能好、排灌方便的地块。应进行合理轮作，选择大豆、小麦、马铃薯或玉米等茬口。

5.2　耕整地

实施以大马力拖拉机配套多功能联合整地机械为载体，以深松为基础，松、翻、耙、压相结合的少（免）耕土壤耕作制。

有深松或深翻基础的地块，秋整地可采取耙茬或浅翻、深松整地技术。深松以打破犁底层为原则，深松深度一般30～35厘米，耙茬或浅翻、深松、夹肥、按要求垄距起垄连续作业，起垄后及时镇压。无深松和深翻地块，3年伏翻或秋翻一次，耕翻深度25～28厘米，做到无漏耕、无立垡、无坷垃，翻后耙耢，按种植要求垄距及时起垄或夹肥起垄镇压。

春整地地块，可采取灭茬旋耕整地。灭茬旋耕、夹肥起垄、镇压连续作业，达到播种状态。灭茬7～8厘米，旋耕10～15厘米。

6 播种

6.1 播期

4月中旬至5月上旬,当5~10厘米耕层地温稳定通过7~8℃时,可抢墒播种,并可根据当年地温、土壤墒情、终霜期等因素的变化适当调整播期。

6.2 种植方式

可采用65~70厘米标准垄单行或110~140厘米大垄双行(通透)密植等方式种植。

6.3 播种方法及质量

按种植方式,采用大机械精量点播。要做到深浅一致,覆土均匀。秸秆还田及少(免)耕地块,应采用免耕播种技术播种,直播的地块播种后及时镇压,坐水种的地块播后隔天镇压。镇压做到不漏压、不拖堆。镇压后覆土深度一般为3~4厘米,风沙土及土壤干旱可相对深些。

6.4 种植密度

65~70厘米标准垄种植,每亩保苗4 000~5 000株;110~140厘米大垄通透密植,每亩保苗4 666~5 666株。具体实施因品种特性、栽培水平、种植区域等因素,密度适当增减。

6.5 播种量

依据测定种子发芽率、种植密度等要求确定播种量。一般每亩播量为1.7~2千克。

7 田间管理

7.1 灌溉

灌溉水质应符合NY/T 391要求。在玉米拔节期、大喇叭口期和灌浆至乳熟期，根据旱情、土壤含水量、作物长势等情况，采用滴灌、喷灌、沟灌等方式进行灌溉。

7.2 施肥

7.2.1 施肥原则：应符合NY/T 394的规定。以有机肥为主，化肥为辅。当季无机氮与有机氮用量比不超过1∶1。根据土壤供肥能力和土壤养分的平衡状况，以及气候、栽培等因素，进行测土配方平衡施肥，做到氮、磷、钾，以及中微量元素合理搭配。

7.2.2 有机肥每亩基施腐熟有机肥2 000～2 500千克，结合整地撒施或条施。

7.2.3 化肥：每亩施五氧化二磷4.5～6千克、氧化钾3.5～4.0千克，结合整地做底肥或种肥施入；每亩施纯氮6.5～10.0千克，其中30%～40%作底肥或种肥，另60%～70%作追肥施入。追肥在7～9叶期或拔节前进行，追肥部位离植株10～15厘米，深度8～10厘米。

7.3 病虫草害防治

7.3.1 防治原则

坚持"预防为主，综合防治"的植保方针，以农业防治为基础，优先采用物理和生物防治技术，辅之化学防治措施。应使用高效、低毒、低残留农药品种，药剂选择和使用应符合NY/T 393的要求。

7.3.2 常见病虫草害

主要病害：斑病、丝黑穗病、茎腐病等。

主要虫害：玉米螟、黏虫、蚜虫、金针虫、地老虎、蛴螬等。

主要草害：马唐、稗草、牛筋草、鸭跖草等。

7.3.3 防治措施

7.3.3.1 农业防治：选用多抗品种，合理轮作和耕作，合理密植和施肥，精细管理，培育壮苗，清除田间病株、残体等。

7.3.3.2 物理防治：利用灯光、性诱捕器、机械捕捉害虫等。玉米螟防治，可在玉米螟成虫羽化初始期，设置杀虫灯或性诱剂加挂在投射式杀虫灯上进行成虫诱杀。黏虫防治，可在成虫发生期，采取杀虫灯、谷（稻）草把、杨树枝把等措施诱捕成虫和卵。

7.3.3.3 生物防治：选用低毒生物农药，释放天敌等措施。可利用赤眼蜂防治玉米螟，在玉米螟化蛹率达到20%时，后推10天为第一次放蜂日，间隔5天后第二次放蜂，间隔10天后第三次放蜂。每亩地总放蜂量为15 000头，每次每亩放5 000头，每亩每次放两个点，每点放1块蜂卡。在田间玉米螟卵孵化率达到30%时（一般在玉米心叶末期），喷洒16 000国际单位/毫米的苏云金杆菌(Bt)可湿性粉剂50～100克/亩，防治玉米螟幼虫，在玉米抽丝期可再次用药。黏虫防治,可在幼虫发生期，提前喷洒苏云金杆菌（Bt）。

7.3.3.4 化学防治：具体化学防治方案参见附录A。

8 采收

在苞片枯黄变白且松散、籽粒变硬发亮、呈现本品种固有特征、乳线消失、籽粒尖端出现黑色层的完熟后期采收。可采取机械收穗、机械收粒或站秆掰棒。

采收后要及时进行晾晒。收穗或站秆掰棒的，籽粒含水量达到20%以下脱粒，高于20%以上冻后脱粒。

9　生产废弃物的处理

除草剂、杀菌剂、杀虫剂、种衣剂以及包衣种子的包装物不得重复使用，深埋或集中处理，且不能引起环境污染。秸秆还田或捡拾打捆用于堆肥、制作燃料等。

10　贮藏

贮藏时，籽粒含水量要在14%以下。贮藏设施、周围环境、卫生要求、出入库、堆放等应符合NY/T 1056的要求。贮藏设施要有防虫、防鼠、防潮等功能。

11　生产记录档案

生产全过程，要建立生产记录档案，包括地块档案，以及整地、播种、铲趟、灌溉、施肥、病虫草害防治、采收等情况。记录保存期限不少于3年。

附　录　A

（资料性附录）

绿色食品　玉米生产主要病虫草害化学防治方案

防治对象	防治时期	农药名称	使用剂量	施药方法	安全间隔期
玉米螟	玉米螟卵孵化高峰期	200克/升氯虫苯甲酰胺悬浮剂	3~5毫升/亩	喷雾	21天
	喇叭口期	3%辛硫磷颗粒剂	300~400克/亩	心叶撒施（拌细沙）	每季最多1次

（续表）

防治对象	防治时期	农药名称	使用剂量	施药方法	安全间隔期
黏虫	虫卵孵化初期	2.5%高效氯氟氰菊酯水乳剂	16～20毫升/亩	喷雾	7天
	黏虫发生初期	200克/升氯虫苯甲酰胺悬浮剂	10～15毫升/亩	喷雾	21天
蚜虫	播种前	30%噻虫嗪种子处理悬浮剂	200～600毫升/100千克种子	拌种	
金针虫、地老虎、蛴螬等地下害虫	播种前	3%辛硫磷水乳种衣剂	药种比1：(30～40)	种子包衣	
大斑病、小斑病	发病初期	22%嘧菌·戊唑醇悬浮剂	40～60毫升/亩	喷雾	3天
丝黑穗病	播种前	6.5%戊·氯·吡虫啉悬浮种衣剂	药种比1：(70～80)	种子包衣	
杂草	苗后3～5叶期	75%噻吩磺隆水分散粒剂	1.3～2.1克/亩	茎叶喷雾	每季最多1次

注：农药使用以最新版本NY/T 393的规定为准。

四、基地图绘制范例

基地位置图绘制范例如图4-3所示；种植基地地块图绘制范例如图4-4所示；养殖基地平面图绘制范例如图4-5所示。申请人应根据本基地实际情况绘制地图。

第四章 绿色食品牛羊产品申报范例

图 4-3 ××有限责任公司基地位置图

图 4-4 玉米种植基地地块图
注：玉米种植基地范围在图中黑框内

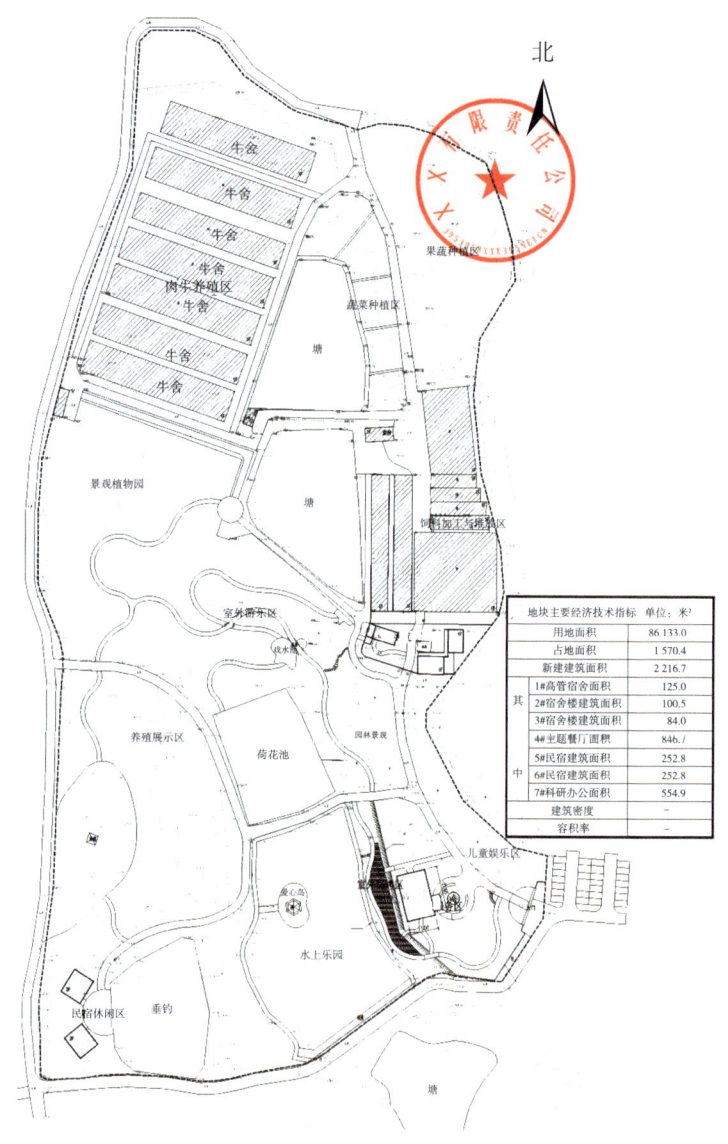

图 4-5 养殖基地平面图

五、合同协议类文件签署范例

（一）土地流转合同范例

本范例中，位于向巷村二组的基地共有35个农户与××有限责任公司签订了土地流转合同。《土地流转合同》以其中一名农户李四为例。35个农户的详细信息体现于《向巷村二组土地流转清单》。

土地流转合同

甲方（发包方）：<u>李四</u>　地址：<u>枝江市仙女镇向巷村二组</u>
乙方（承包方）：<u>××有限责任公司</u>

为了规范农村土地承包经营权流转行为，维护流转双方当事人合法权益，促进农业和农村经济发展，根据《中华人民共和国农村土地承包法》《中华人民共和国农村土地承包经营权流转管理办法》等有关法律法规和政策，本着自愿互利、公正平等的原则，经甲乙双方协商，订立如下土地承包经营权流转合同。

一、土地承包经营权流转方式：甲方采用承包方式将其承包的土地流转给乙方经营。

二、流转土地用途：乙方不得改变流转土地农业用途，用于非农生产。

三、流转的期限和起止日期：合同双方约定，土地承包经营权流转期从2015年4月1日起，至2036年3月31日止。

四、流转土地的种类、位置、面积、等级：甲方将自有土地7.6亩耕地流转给乙方，该土地坐落于仙女镇向巷村二组。

五、流转价款及支付方式、时间：合同双方约定，土地流转费用以现金支付。合同期内,乙方每年承包费用500元/(亩·年),付款方式为一年一付,付款时间为每年的4月1日。

六、甲方的权利和义务

(一)权利:按照合同规定收取土地流转费,按照合同约定到期收回流转的土地。

(二)义务:协助乙方按合同行使土地经营权,不干预乙方正常的生产经营活动。

七、乙方的权利和义务

(一)权利:在受让的土地上,具有生产经营权。

(二)义务:在国家法律、法规和政策允许范围内,从事生产经营活动,按照合同规定按时足额交纳土地流转费,对流转土地不得擅自改变用途,不得使其荒芜,对流转的耕地(荒地、林地等)进行有效保护。

八、合同的变更和解除

有下情况之一者,本合同可以变更或解除。

(一)经当事人双方协商一致,且不损害国家、集体和个人利益的。

(二)订立合同所依据的国家政策发生重大调整和变化的。

(三)一方违约,使合同无法履行的。

(四)乙方丧失经营能力使合同不能履行的。

(五)因不可抗力使合同无法履行的。

九、违约责任

(一)甲方非法干预乙方生产经营,擅自变更或解除合同,给乙方造成损失的,由甲方赔偿乙方损失。

(二)乙方违背合同规定,给甲方造成损失的由乙方承担赔偿责任。

（三）乙方有下列情况之一者，甲方有权收回土地经营权：不按合同规定用途使用土地的；荒芜土地、破坏地上附着物的；不按时缴纳土地流转费的。

十、合同纠纷的解决方式

甲乙双方因履行流转合同发生纠纷，先由双方协商解决，协商不成的由村民委员会或乡（镇）人民政府、街道办事处等调解解决。不同意调解或调解无效的，双方协商向县级农村土地承包纠纷仲裁委员会申请仲裁，也可以直接向人民法院起诉。不服仲裁决定的，可在收到裁决书之日起30日内向人民法院起诉。

十一、其他约定事项

（一）本合同一式三份，甲方、乙方及乡镇农村土地承包合同管理机构各一份。自甲乙双方签字或盖章之日起生效。如果是耕地转让合同或专业生产经营项目流转合同，应以原发包方同意之日起生效。

（二）本合同未尽事宜，由甲乙双方共同协商，达成一致意见，形成书面补充协议。补充协议与本合同具有同等法律效力。

甲方（发包方）签字：李四　　乙方（承包方）签字（盖章）：

签字日期：2015年3月31日　　签字日期：2015年3月31日

向巷村二组土地流转清单

序号	姓名	面积（亩）	预计产量（吨）
1	李四	7.6	15.2
2	崔红红	9.8	19.6
3	孙虎	8.4	16.8
4	韩万连	11.3	22.6
5	张红	12.0	24.0
6	韩亮	7.6	15.2
7	韩和连	8.2	16.4
8	张明	6.9	13.8
9	张方	10.5	21.0
10	张全	11.0	22.0
11	张顺	7.8	15.6
12	段亮	6.3	12.6
13	韩槐	8.2	16.4
14	张宝	6.8	13.6
15	张先正	10.4	20.8
16	韩方保	7.4	14.8
17	张宝	10.6	21.2
18	张田亮	7.2	14.4
19	韩亮	5.8	11.6
20	张然	7.3	14.6
21	张先永	7.8	15.6
22	张云福	6.6	13.2
23	张峁	12.0	24.0
24	张银	11.4	22.8
25	张成福	8.1	16.2
26	韩海	7.4	14.8
27	李保田	10.5	21.0
28	张喜云	6.0	12.0
29	张连	8.4	16.8
30	张保	4.0	8.0
31	张明	5.2	10.4
32	张亮	10.6	21.2
33	张有林	10.8	21.6
34	韩美龙	10.6	21.2
35	霍存亮	9.5	19.0

（二）采购合同范例

采购合同以《干稻草订购合同》为例，生产中需要采购的麸皮、豆粕等其他生产资料均须签订相关合同。

其内容仅供参考，申请人应根据本企业实际情况签订相关的合同。

干稻草订购合同

购买方（以下简称甲方）：_____
供应方（以下简称乙方）：_____

根据《中华人民共和国合同法》及相关法律规定，双方就干稻草供应配送事宜经共同协商，达成以下协议。

一、乙方为甲方提供肉牛养殖所需的干稻草供应配送。供货期限：自2020年1月1日至2028年12月31日，在合作期间上访应本着自愿、公平、互惠互利的原则合作。

二、乙方每月为甲方提供干稻草100吨，价格为每吨500元人民币（以市场行情为准）。并一次性交付甲方保证金5 000元人民币。

三、质量要求：干稻草要求是乙方种植的绿色食品水稻所出，且色泽新鲜，味道清香，无混杂物，无发霉变黑。否则甲方有权拒收或拒付货款。

四、干稻草由乙方运送到养殖场，经甲方验收后过磅交货，卸车后立即过磅去皮。存货前，双方在场共同封存"标准干稻草"50千克，作为备用期间自然损耗标准，中途的实际喂量如与进货数量出现较大差异时，超过"标准干稻草"比例部分，由乙方如数补齐。乙方所送来的干稻草在过磅后备用期间，发生霉变做造成的损失由乙方承担，并负责把霉变稻草运走并清理现场。乙方在为甲方运输干稻草期间所发生的交通安全、车辆损失、人员伤亡等事故均由乙方承担。

五、付款方式：每月5日之前结清上一个月货款。

六、违约责任

（一）如不能按质按量准时运送干稻草，中途停止履行本合同时，保证金5 000元人民币则作为甲方损失补偿费，不退还。乙方供应问题导致肉牛停喂干稻草时，每天处罚100元人民币。

（二）甲方不按时支付货款时，每天按所欠货款的0.05%处罚滞纳金。

七、本合同一式两份，甲乙双方各执一份，双方签字后生效。

甲方（签字盖章）：　　　　乙方（签字盖章）：

日期：　　　　　　　　　　日期：

（三）委托加工协议范例

委托加工协议以《肉牛屠宰委托协议》为例。其内容仅供参考，申请人应根据本企业实际情况签订相关协议。

肉牛屠宰委托协议

委托方（以下简称甲方）：_____

被委托方（以下简称乙方）：_____

根据《中华人民共和国动物防疫法》等屠宰法律法规有关规定，甲方委托乙方进行肉牛屠宰加工事宜，经双方协商一致后，达成以下协议。

一、甲方的权利和义务

（一）屠宰肉牛需经过检疫，并取得动物检疫合格证明和运载工具消毒证明后，由甲方运输到乙方屠宰场。

（二）甲方有权对屠宰加工全过程进行监督。

（三）甲方根据与乙方协商的具体标准，付给乙方屠宰加工费和检验费。

二、乙方的权利和义务

（一）屠宰肉牛凭免疫耳标和检疫证明，方可进入肉牛待宰场。

（二）肉牛屠宰按照国家相关制度及绿色食品的要求进行。

（三）乙方为甲方提供使用单独屠宰车间进行屠宰，不与其他肉牛共用屠宰车间。

（四）肉牛屠宰加工的操作执行GB/T 19477《畜禽屠宰操作规程》牛相关规定的规定，屠宰条件应符合GB/T 17237《畜类屠宰加工通用技术条件》相关规定的要求。

（五）乙方配合有关执法部门做好宰前检疫、宰后检验工作。

（六）乙方有权按照规定出炉不合格肉牛及其产品，并做好各种记录。

（七）乙方按照与甲方协商的具体标准，收取屠宰加工费和检验费。

三、其他

（一）本协议未尽事宜，经双方友好协商后以书面形式确定，其作为本协议之附件与本协议具有同等效力。

（二）本协议正式文本一式两份，自双方签字之日起生效，双方各执一份，具有同等法律效力。

甲方（签字盖章）：　　　　乙方（签字盖章）：

日期：　　　　　　　　　　日期：

六、资质证明文件

资质证明文件包括国家农产品质量安全追溯平台生产经营主体注册信息表（图4-6）、动物防疫条件合格证（图4-7）、畜禽定点屠宰证（图4-8）、绿色食品内部检查员证书（图4-9）、饲料绿色食品证书（图4-10至图4-12）等，须加盖单位公章，示例如下。

国家追溯平台生产经营主体注册信息表

2021-07-05-13:07

主体信息	主体名称	*****		
	主体身份码	291630102MA75700W4500001		
	组织形式	企业/个体工商户		
	主体类型	生产经营主体		
	主体属性	加工企业		电子身份标识
	所属行业	其他	企业注册号	*****
	证件类型	三证合一营业执照（无独立组织机构代码证）	组织机构代码	无
	营业期限	2017-07-10至2057-07-09		
	详细地址	*****		
	企业类型	非农垦企业非地理标志认证		
法定代表人及联系信息	法定代表人姓名	*****	法定代表人证件类型	大陆身份证
	法定代表人证件号码	*****	法定代表人联系电话	*****
	联系人姓名	*****	联系人电话	*****
	联系人邮箱	*****		
证照信息				
法人身份证件信息				

图4-6 国家农产品质量安全追溯平台生产经营主体注册信息表页面

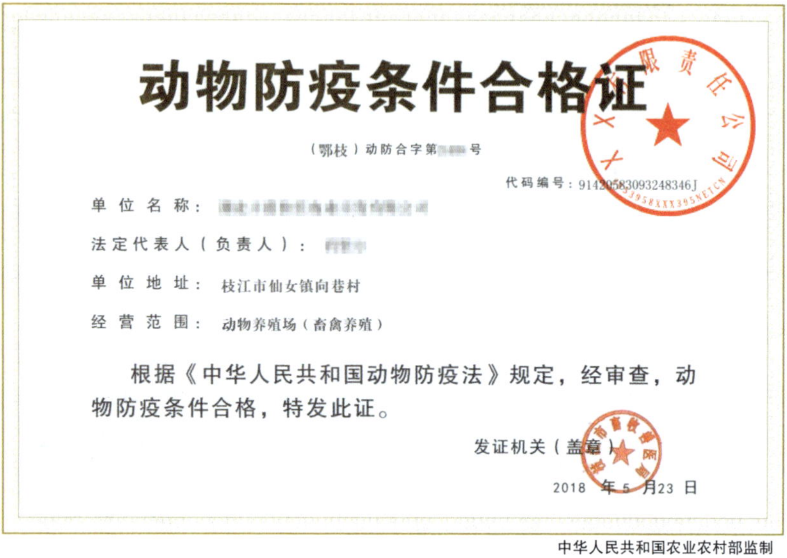

图 4-7　动物防疫条件合格证

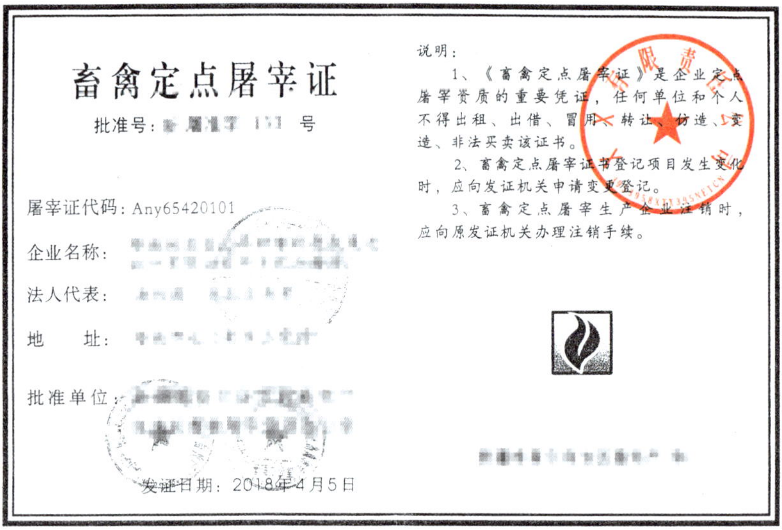

图 4-8　畜禽定点屠宰证

第四章 绿色食品牛羊产品申报范例

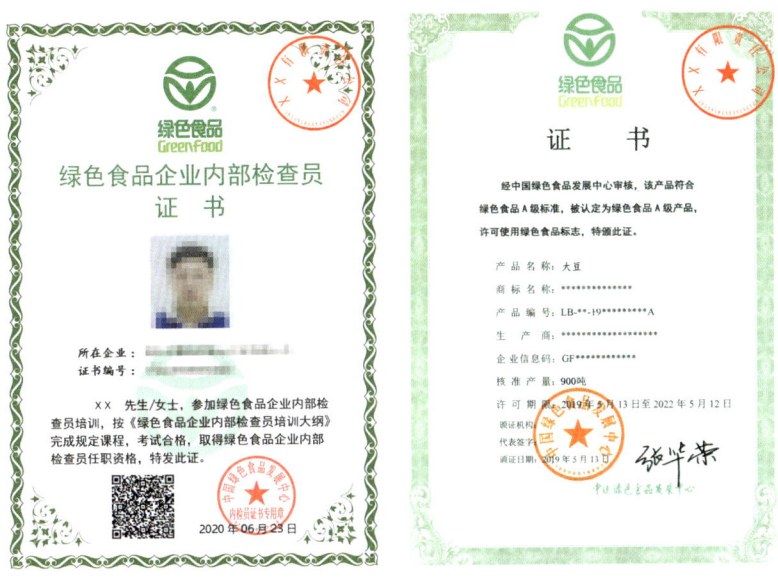

图4-9 绿色食品企业内部检查员证书　图4-10 饲料的绿色食品证书（一）

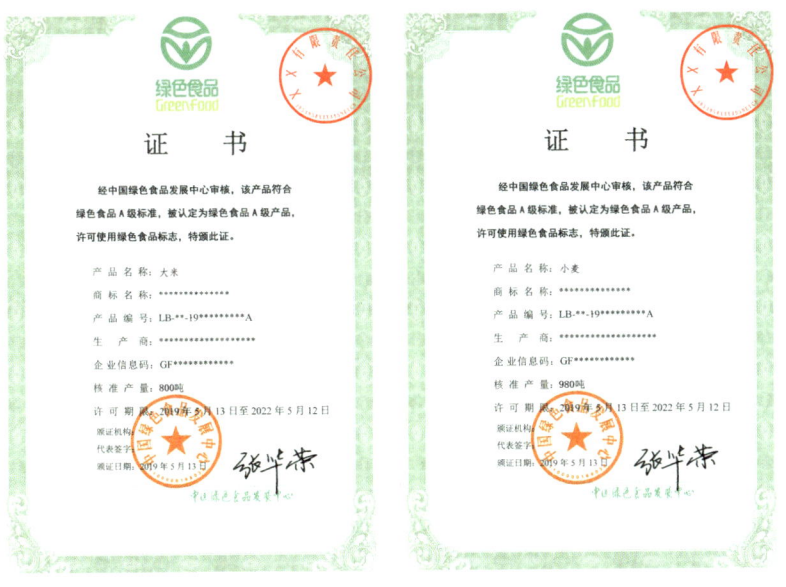

图4-11 饲料的绿色食品证书（二）　图4-12 饲料的绿色食品证书（三）

七、预包装标签设计与绿色食品标志使用

绿色食品牛肉产品包装标签设计范例见图4-13，绿色食品标志的使用可参考该范例。

GFXXXXXXXXXXXX
经中国绿色食品发展中心许可使用绿色食品标志

牛　肉

品　　名：牛肉
净　含　量：5千克/箱
执行标准：NY/T 2799
保存方法：置于-18℃冷冻
保　质　期：180天
生产日期：见封口处
生产单位：XX有限责任公司
地　　址：枝江市仙女镇向巷村
联系电话：13800348934

图4-13　绿色食品牛肉产品包装标签设计样范例

第五章
绿色食品申报常见问题

一、关于绿色食品申报流程的常见问题

1. 申请使用绿色食品标志，需要经过哪些环节？

申请使用绿色食品标志一般要经过8个基本环节：提出申请—省级工作机构受理审查—检查员现场检查—产地环境监测和产品检测—省级工作机构初审—中国绿色食品发展中心综合审查—专家评审—中国绿色食品发展中心发送颁证意见。

2. 初次申请使用绿色食品标志，需要提前做哪些准备？

申请使用绿色食品标志的申请人确定申报之前有3点必须提前准备和注意：一是提前派企业人员参加绿色食品培训，并获得绿色食品内部检查员注册资格，确保企业有个"明白人"，负责绿色食品申报和生产管理工作。二是注意申请要在产品收获前3个月提出，确保现场检查、产地环境监测和产品检测可以在生长季节进行。三是要提前在国家农产品质量安全追溯管理信息平台（http://www.qsst.moa.gov.cn）上完成生产经营主体注册。

3. 在《绿色食品标志使用申请书》中，申请分为3种类型，应该怎样选择？

绿色食品申请分为3种类型，即初次申请、续展申请和增报申请。初次申请是指符合绿色食品标志使用申报条件的申请人首次向中国绿色食品发展中心提出使用绿色食品标志的申请；续展申请是指已获得绿色食品证书的申请人，证书有效期即将届满（3年有效期），需要继续使用绿色食品标志所提出的申请，注意应在证书有效期满3个月前向省级工作机构提出申请；增报申请是指申请人在已获证产品的基础上，申请在其他产品上使用绿色食品标志或增加已获证产品产量。增报申请可以在绿色食品标志使用期间提出，也可在续展申请时一并提出。

举例来说，一家牛羊肉生产企业的500吨牛肉在2019年获得绿色食品标志使用许可，2021年该企业希望拓宽市场新增500吨羊肉产品申请使用绿色食品标志，这时企业提出申请时有两种选择方式，一是选择将原获证产品提前续展，同新申报产品一并提出申请，在申请书中同时勾选续展申请和增报申请；二是选择将新申报产品单独提出，在申请书中同时勾选初次申请和增报申请。

二、关于绿色食品申报资质的常见问题

1. 某市养殖协会要申请使用绿色食品标志，以便其所有会员企业都可以使用绿色食品标志，是否符合绿色食品申报资质条件？

不符合。根据《绿色食品标志许可审查程序》第五条：绿色食品申请人范围包括企业法人、农民专业合作社、个人独资企业、合伙企业、家庭农场等，国有农场、国有林场和兵团团场等生产单位。行业协会等社团组织不具备生产能力，不能作为申报主体。

2. 某合作社养殖肉牛300头、肉羊1 500头，要申报绿色食品牛羊肉产品是否符合绿色食品申请人资质条件？

不符合。根据《关于进一步严格绿色食品申请人条件审查的通知》（中绿审〔2018〕66号）相关规定，绿色食品申请人应当具备《绿色食品标志许可审查程序》第五条规定的资质条件，同时生产规模（指同一申请人申报同一类别产品，如粮油作物种植、肉牛养殖等的总体规模）应符合以下要求：养殖业，肉牛年出栏量或奶牛

年存栏量达到500头以上；肉羊年出栏量达到2 000头以上。

该合作社养殖规模不满足以上条件要求。

3. 一家羊肉生产企业2021年6月注册成立，2021年12月提出绿色食品标志使用申请，是否符合申报资质条件？

不符合。根据《绿色食品标志许可审查程序》规定，申请人在提出申请时应至少稳定运行1年。该企业申报时成立仅6个月，不满足稳定运行1年要求。

4. 申请使用绿色食品标志的肉牛养殖合作社，将自己养殖的肉牛委托其他企业加工为分割肉，是否符合申报资质条件？

视具体情况。

根据《中国绿色食品发展中心关于进一步严格绿色食品申请人条件审查的通知》（中绿审〔2018〕66号）要求，实行委托加工的养殖业申请人，应有固定的原料生产基地，且被委托方须具备加工许可。

如果申报产品是冷鲜牛肉、冷冻牛肉，加工方方必须具备动物防疫条件合格证，如果申报的是速冻牛肉，加工方还必须具有速冻肉制品食品生产许可。

5. 一家牛肉干生产企业，购买牛肉作为原料进行加工，是否符合申报资质条件？

视具体情况。

如果购买的牛肉是已经获得绿色食品证书的产品，需要与获证企业签订3年以上绿色食品牛肉购买合同，且年购买量能满足生产需要。

如果购买的牛肉未获得绿色食品证书，则需要按照绿色食品标准进行养殖，申请人根据《中国绿色食品发展中心关于进一步严格绿色食品申请人条件审查的通知》（中绿审〔2018〕66号）要求，与公司、合作社、农户或其他单位签订绿色食品委托养殖合同。

6. 无固定生产基地的经销商是否可以申报？

绿色食品申请人要求有稳定的生产基地，有绿色食品生产的环境条件和生产技术，具有完善的质量管理体系并至少稳定运行一年等要求，因此无固定生产基地的经销商不可以申报。

7. 申请人已取得上脑、眼肉、里脊的绿色食品证书，可否在牛腩、腱子肉等产品上使用？

不可以。肉牛不同分割部分虽然生产过程相同，但绿色食品实行一品一号制度，不可在未申报产品上使用，如需在其他产品上使用需对该产品进行绿色食品申报。如果考虑申报成本问题，可将不同分割部位统一使用"牛肉"一个产品名称进行申报。

三、关于绿色食品生产要求的常见问题

1. 对绿色食品牛羊产品养殖过程中使用的饲料及饲料添加剂有什么要求？

绿色食品生产中使用饲料和饲料添加剂要求按照NY/T 471《绿色食品 饲料及饲料添加剂使用准则》标准执行，遵循3条基本原则：一是安全优质原则；二是绿色环保原则；三是以天然原料为主原则（详见附录2）。需要特别注意的是：一是不应使用转基因品种（产品）为原料生产的饲料、动物粪便、畜禽屠宰厂副产品、非蛋白氮、鱼粉（限反刍动物）；二是不应使用药物饲料添加剂（包括抗生素、抗寄生虫药、激素等）及制药工业副产品。

2. 牛羊养殖过程中可以使用豆粕作为饲料原料吗？

可以。我国转基因大豆进口数量较大，且主要用于榨油，转基因大豆豆粕作为饲料使用广泛，但NY/T 471《绿色食品 饲料及饲料添加剂使用准则》中规定"不应使用转基因品种（产品）为原料生产的饲料"，所以使用豆粕作为饲料须由相关农业部门出具非

转基因证明，或进行转基因检测。

3. 绿色食品牛羊养殖管理过程对兽药选用有什么要求？

绿色食品牛羊养殖管理强调给动物提供良好的饲养环境，加强饲养管理，采取各种措施以减少应激，增强动物的自身抵抗力，在养殖过程中尽量不用或少用药物。所选用的兽药应符合相关的法律法规，并来自取得生产许可证和产品批准文号的生产企业，或者取得进口兽药登记许可证的供应商。按照NY/T 472《绿色食品 兽药使用准则》规定使用（详见附录3），需要特别注意：一是不应使用附录A中的药物以及国家规定的其他禁止在畜禽养殖过程中使用的药物，产蛋期和泌乳期还不应使用该标准附录B中的兽药；二是不应使用药物饲料添加剂；三是不应使用酚类消毒剂，产蛋期不应使用酚类和醛类消毒剂；四是不应为了促进畜禽生长而使用抗菌药物、抗寄生虫药、激素或其他生长促进剂。

4. 如果申请人生产的牛奶产品仅有部分申报绿色食品，在生产管理上需要注意什么？

如申请人只是将部分产品申报绿色食品，即存在平行生产情况，在生产管理上一定要有完善的平行生产管理措施，包括养殖基地的区分管理、隔离措施、生产加工线的区分管理，要建立原料和成品储存的区分管理制度，保证绿色食品与非绿色食品的有效隔离。

四、关于绿色食品标志使用的常见问题

1. 绿色食品证书上包括哪些信息？

证书是绿色食品标志使用人合法有效使用绿色食品标志的凭证，绿色食品证书内容包括产品名称、商标名称、生产单位及其信息编码、核准产量、产品编号、标志使用许可期限、颁证机构、颁证日期等。

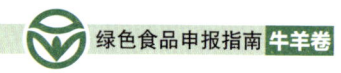

2. 申请人在绿色食品证书有效期内，证书信息发生变化需要变更，如何操作？

在证书有效期内，标志使用人的产地环境、生产技术、质量管理制度等没有发生变化的情况下，单位名称、产品名称、商标名称等一项或多项发生变化的，标志使用人拆分、重组与兼并的，标志使用人应办理证书变更。证书变更需要提交以下材料：①证书变更申请书；②证书原件；③标志使用人单位名称变更的，须提交行政主管部门出具的"变更批复"复印件及变更后的营业执照复印件；④商标名称变更的，需提交变更后的商标注册证复印件；⑤如获证产品为预包装食品，需提交变更后的预包装食品标签设计样张；⑥标志使用人拆分、重组与兼并的，需提供拆分、重组与兼并的相关文件，省级工作机构现场确认标志使用人作为主要管理方，且产地环境、生产技术、质量管理体系等未发生变化，并提供书面说明。

3. 某牛肉企业生产的牛肉经检验，符合 NY/T 2799《绿色食品 畜肉》标准，是否可以在其产品上使用绿色食品标志？

不可以。根据《绿色食品标志管理办法》第二十一条规定，未经中国绿色食品发展中心许可，任何单位和个人不得使用绿色食品标志。

4. 未按期续展的企业是否可以继续使用绿色食品标志？

不可以。绿色食品标志证书有效期为3年，续展申请人应在绿色食品证书到期前3个月向绿色食品管理部门提出续展申请。证书到期后未续展的原绿色食品企业不能继续使用绿色食品标志。

5. 申请人涉及总公司、分公司和子公司的，在使用绿色食品标志上需要注意哪些问题？

一般有以下两种情形。

（1）以总公司名义统一申报绿色食品，子公司或分公司作为总公司的受委托方，总公司获证后如需使用统一的包装，可在包装上统一使用总公司的绿色食品企业信息码，同时标注总公司和子公司或分公司的名称，向消费者和监管部门明示不同的生产商。

（2）总公司与子公司分别申报绿色食品并领取证书，如需使用统一的包装，在绿色食品标志图形、文字下方可不标注绿色食品企业信息码，而在包装上的其他位置同时标注总公司和子公司的具体名称及其绿色食品企业信息码，区分不同的生产商。

6. 获得绿色食品标志使用许可的申请人是否可以将绿色食品标志授权给其他企业生产的未经许可产品？

不可以。根据《绿色食品标志管理办法》第二十一条规定，禁止将绿色食品标志用于非许可产品及其经营性活动。按照绿色食品标志使用合同总则，中国绿色食品食品发展中心是绿色食品标志的唯一所有人和许可人。

五、其他常见问题

1. 初次申请人什么情况下可以申请免测环境？

草原放牧牛羊产品申请绿色食品标志，可以免做放牧基地环境检测。

2. 申请人申报肩肉、上脑、眼肉、西冷、菲力、肋排、胸肉、腹肉、米龙、腱子肉、米龙、臀肉等产品，需要做几个产品的检测报告？

不同分割肉产品进行产品检测，只需统一做一个全项产品检测报告。

参考文献

甘肃省畜牧业产业管理局，2017. 饲料的种类及其特点 [J]. 甘肃畜牧兽医，47（3）：47-53.

哈尔阿力·沙布尔，2014. 适合我区推广的四种秸秆饲料加工技术 [N]. 新疆科技报（汉），2014-02-28（6）.

黄忠，2002. 绿色"无公害"饲料添加剂及其应用 [J]. 中国禽业导刊（17）：19-20.

霍艳哲，2018. 牧草青贮、微贮和氨化技术 [J]. 养殖与饲料（3）：49.

姜仁辉，2005. 浅谈秸秆饲料的加工方法 [J]. 山东农机化（5）：27-28.

李成林，2018. 肉牛粗饲料中干草的特点及加工方法 [J]. 现代畜牧科技（3）：39.

李龙，2016. 青贮饲料制作与饲喂的教学探讨 [J]. 甘肃畜牧兽医，46（3）：104，106.

李涛，2003. 奶牛饲养管理要点 [J]. 吉林畜牧兽医，20（10）：14-15.

柳丽，高和坤，李海兵，等．2016. 肉羊饲养管理技术 [J]. 湖北畜牧兽医（6）：46-47.

柳英，2005. 提高双低菜籽皮对反刍动物营养价值的研究 [D]. 武汉：华中农业大学．

卢成合，2007. 秋季秸秆收获多、科学加工做饲料 [J]. 科学种养（10）：36-37.

马宗雄，2010. 提高饲料利用率的十种方法 [J]. 农家科技（9）：32.

孟春花，乔永浩，钱勇，等．2020．微贮对油菜秸秆营养成分及其在山羊瘤胃中降解特性的影响[J]．南京农业大学学报，43（2）：326-332．

欧阳雅连，李明凤，侯自花，2007．动物源性饲料的质量控制及安全性指标[J]．河南农业科学（12）：119-120．

潘竞平，权金鹏，2003．如何生产优质苜蓿青干草[J]．中国农业信息（10）：32．

钱莘莘，2008．不同来源混合加工的动物性饲料，危害到底有多大?[J]．中国动物保健（1）：69-71．

孙庆华，2017．奶牛常用饲料分类及作用[J]．吉林畜牧兽医，38（3）：34-35．

单安山，2006．饲料与饲养学[M]．北京：中国农业出版社．

王彤佳，刘园园，黄忠勇，等．2009．氨化、青贮秸秆饲料体外消化率比较[J]．黑龙江畜牧兽医（21）：59-60．

王占川，宝鲁德，周子彦，等．2011．秸秆生物饲料技术开发的过去、现在和将来[J]．畜牧与饲料科学，32（1）：53-55．

袁建国，2011．常见微生物发酵饲料的利用[J]．畜禽业（8）：32-33．

岳润杰，2012．各阶段肉牛的饲养与管理[J]．养殖技术顾问（9）：8．

张波，王继强，王永军，2004．提高粗纤维利用率的措施[J]．家畜生态（4）：265-268．

张华荣．绿色食品工作指南（2021版），2021．[M]．北京：中国农业出版社．

张丽，于友水，2007．合理储藏饲料的要点[J]．养殖技术顾问（7）：39．

张鹏，2005．甘肃省苜蓿产业化发展及苜蓿芽营养成分研究[D]．兰州：甘肃农业大学．

张旭刚，郭伟彪，2017. 青贮饲料质量的影响因素及解决方案 [J]. 当代畜牧（3）：30-32.

中国畜牧行业协会，2018. T/CAAA 005—2018 青贮饲料全株玉米 [S].

中国绿色食品发展中心，2014.（2014-07-15）【2019-6-3】. 绿色食品标志许可审查程序 [EB/OL]. http：//www. greenfood. org. cn/ywzn/lssp/xksc/201407/t20140715_5910465. htm.

中国绿色食品发展中心，2014.（2014-12-13）【2019-6-3】. 绿色食品标志许可审查工作规范 [EB/OL]. http：//www. greenfood. org. cn/ywzn/lssp/xksc/201412/t20141231_5910469. htm.

中国绿色食品发展中心，2014.（2014-12-13）【2019-6-3】. 绿色食品现场检查工作规范 [EB/OL]. http：//www. greenfood. org. cn/ywzn/lssp/xksc/201412/t20141231_5910469. htm.

中国绿色食品发展中心，2017. 最新中国绿色食品标准（2017版）[M]. 北京：中国农业出版社.

中华人民共和国农业行业标准

NY/T 391—2021

绿色食品 产地环境质量

Green food—Environmental quality for production area

1 范围

本标准规定了绿色食品产地的术语和定义、产地生态环境基本要求、隔离保护要求、产地环境质量通用要求、环境可持续发展要求。

本标准适用于绿色食品生产。

2 规范性引用文件

下列文件对于本文件的应用是必不可少的。凡是注日期的引用文件，仅所注日期的版本适用于本文件。凡是不注日期的引用文件，其最新版本（包括所有的修改单）适用于本文件。

GB/T 5750.4 生活饮用水标准检验方法 感官性状和物理指标

中华人民共和国农业农村部 2021-05-07 发布　　　　2021-11-01 实施

GB/T 5750.5　生活饮用水标准检验方法　无机非金属指标

GB/T 5750.6　生活饮用水标准检验方法　金属指标

GB/T 5750.12　生活饮用水标准检验方法　微生物指标

GB/T 6920　水质　pH值的测定　玻璃电极法

GB/T 7467　水质　六价铬的测定　二苯碳酰二肼分光光度法

GB/T 7475　水质　铜、锌、铅、镉的测定　原子吸收分光光度法

GB/T 7484　水质　氟化物的测定　离子选择电极法

GB/T 11892　水质　高锰酸盐指数的测定

GB/T 12763.4　海洋调查规范　第4部分：海水化学要素调查

GB/T 14675　空气质量　恶臭的测定　三点比较式臭袋法

GB/T 14678　空气质量　硫化氢、甲硫醇、甲硫醚和二甲二硫的测定　气相色谱法

GB/T 15432　环境空气　总悬浮颗粒物的测定　重量法

GB/T 17141　土壤质量　铅、镉的测定　石墨炉原子吸收分光光度法

GB/T 22105.1　土壤质量　总汞、总砷、总铅的测定　原子荧光法　第1部分：土壤中总汞的测定

GB/T 22105.2　土壤质量　总汞、总砷、总铅的测定　原子荧光法　第2部分：土壤中总砷的测定

HJ 479　环境空气　氮氧化物（一氧化氮和二氧化氮）的测定　盐酸萘乙二胺分光光度法

HJ 482　环境空气　二氧化硫的测定　甲醛吸收—副玫瑰苯胺分光光度法

HJ 491　土壤和沉积物　铜、锌、铅、镍、铬的测定　火焰原子吸收分光光度法

HJ 503　水质　挥发酚的测定　4-氨基安替比林分光光度法

HJ 505　水质　五日生化需氧量（BOD5）的测定　稀释与接种法

HJ 53　环境空气和废气　氨的测定　纳氏试剂分光光度法

HJ 536　水质　氨氮的测定　水杨酸分光光度法

HJ 694　水质　汞、砷、硒、铋和锑的测定　原子荧光法

HJ 717　土壤质量　全氮的测定　凯氏法

HJ 870　固定污染源废气　二氧化碳的测定　非分散红外吸收法

HJ 828　水质　化学需氧量的测定　重铬酸盐法

HJ 955　环境空气　氟化物的测定　滤膜采样/氟离子选择电极法

HJ 970　水质石油类的测定　紫外分光光度法

NY/T 889　土壤速效钾和缓效钾含量的测定

NY/T 1121.6　土壤检测　第6部分：土壤有机质的测定

NY/T 1121.7　土壤检测　第7部分：土壤有效磷的测定

NY/T 1377　土壤pH的测定

HJ 347.2　水质　粪大肠菌群的测定　多管发酵法

3　术语和定义

下列术语和定义适用于本文件。

3.1　环境空气标准状态　ambient air standard state

指温度为273 K，压力为101.325 kPa时的环境空气状态。

3.2　舍区　living area for livestock and poultry

指畜禽所处的封闭或半封闭生活区域，即畜禽直接生活环境区。

4　产地生态环境基本要求

4.1　绿色食品生产应选择生态环境良好、无污染的地区，远离工矿区、公路铁路干线和生活区，避开污染源。

4.2 产地应距离公路、铁路、生活区 50m 以上，距离工矿企业 1km 以上。

4.3 产地要远离污染源，配备切断有毒有害物进入产地的措施。

4.4 生产产地不应受外来污染威胁，产地上风向和灌溉水上游不应有排放有毒有害物质的工矿企业，灌溉水源应是深井水或水库等清洁水源，不应使用污水或塘水等被污染的地表水；园地土壤不应是施用含有毒有害物质的工业废渣改良过的土壤。

4.5 应建立生物栖息地，保护基因多样性、物种多样性和生态系统多样性，以维持生态平衡。

4.6 应保证产地具有可持续生产能力，不对环境或周边其他生物产生污染。

4.7 利用上一年度产地区域空气质量数据，综合分析产区空气质量。

5 隔离保护要求

5.1 应在绿色食品和常规生产区域之间设置有效的缓冲带或物理屏障，以防止绿色食品生产产地受到污染。

5.2 绿色食品产地应与常规生产区保持一定距离，或在两者之间设立物理屏障，或利用地表水或山岭分割或其他方法，两者交界处应有明显可识别的界标。

5.3 绿色食品种植生产产地与常规生产区农田间建立缓冲隔离带，可在绿色食品种植区边缘 5m ~ 10m 处种植树木作为双重篱墙，隔离带宽度 8m 左右，隔离带种植缓冲作物。

6 产地环境质量通用要求

6.1 空气质量要求

除畜禽养殖业外，空气质量应符合表1要求。

表1 空气质量要求（标准状态）

项目	指标		检验方法
	日平均[a]	1 小时[b]	
总悬浮颗粒物，mg/m^3	≤ 0.30	—	GB/T 15432
二氧化硫，mg/m^3	≤ 0.15	≤ 0.50	HJ 482
二氧化氮，mg/m^3	≤ 0.08	≤ 0.20	HJ 479
氟化物，$μg/m^3$	≤ 7	≤ 20	HJ 955

[a] 日平均指任何一日的平均指标。
[b] 1 小时指任何一小时的指标。

畜禽养殖业空气质量应符合表2要求。

表2 畜禽养殖业空气质量要求（标准状态）

单位为毫克每立方米

项目	禽舍区（日平均）		畜舍区（日平均）	检验方法
	雏	成		
总悬浮颗粒物	≤ 8		≤ 3	GB/T 15432
二氧化碳	≤ 1 500		≤ 1 500	HJ 870
硫化氢	≤ 2	≤ 10	≤ 8	GB/T 14678
氨气	≤ 10	≤ 15	≤ 20	HJ 533
恶臭（稀释倍数，无量纲）	≤ 70		≤ 70	GB/T 14675

6.2 水质要求

6.2.1 农田灌溉水水质要求

农田灌溉水包括用于农田灌溉的地表水、地下水，以及水培蔬菜、水生植物生产用水和食用菌生产用水等，应符合表3要求。

表3 农田灌溉水水质要求

项目	指标	检验方法
pH	5.5～8.5	GB/T 6920
总汞，mg/L	≤0.001	HJ 694
总镉，mg/L	≤0.005	GB/T 7475
总砷，mg/L	≤0.05	HJ 694
总铅，mg/L	≤0.1	GB/T 7475
六价铬，mg/L	≤0.1	GB/T 7467
氟化物，mg/L	≤2.0	GB/T 7484
化学需氧量（COD_{cr}），mg/L	≤60	HJ 828
石油类，mg/L	≤1.0	HJ 970
粪大肠菌群[a]，MPN/L	≤10 000	SL 355

[a] 仅适用于灌溉蔬菜、瓜类和草本水果的地表水。

6.2.2 渔业水水质要求

应符合表4要求。

表4 渔业水水质要求

项目	指标		检验方法
	淡水	海水	
色、臭、味	不应有异色、异臭、异味		GB/T 5750.4
pH	6.5～9.0		GB/T 6920
生化需氧量（BOD$_5$），mg/L	≤5	≤3	HJ 505
总大肠菌群，MPN/100mL	≤500（贝类50）		GB/T 5750.12
总汞，mg/L	≤0.0005	≤0.0002	HJ 694
总镉，mg/L	≤0.005		GB/T 7475
总铅，mg/L	≤0.05	≤0.005	GB/T 7475
总铜，mg/L	≤0.01		GB/T 7475
总砷，mg/L	≤0.05	≤0.03	HJ 694
六价铬，mg/L	≤0.1	≤0.01	GB/T 7467
挥发酚，mg/L	≤0.005		HJ 503
石油类，mg/L	≤0.05		HJ 970
活性磷酸盐（以P计），mg/L	—	≤0.03	GB/T 12763.4
高锰酸钾指数，mg/L	≤6	—	GB/T 11892
氨氮（NH$_3$-N），mg/L	≤1.0	—	HJ 536
漂浮物质应满足水面不出现油膜或浮沫要求。			

6.2.3 畜牧养殖用水水质要求

畜牧养殖用水包括畜禽养殖用水和养蜂用水，应符合表5要求。

表5 畜牧养殖用水水质要求

项目	指标	检验方法
色度[a]，度	≤ 15，并不应呈现其他异色	GB/T 5750.4
浑浊度[a]（散射浑浊度单位），NTU	≤ 3	GB/T 5750.4
臭和味	不应有异臭、异味	GB/T 5750.4
肉眼可见物[a]	不应含有	GB/T 5750.4
pH	6.5 ~ 8.5	GB/T 5750.4
氟化物，mg/L	≤ 1.0	GB/T 5750.5
氰化物，mg/L	≤ 0.05	GB/T 5750.5
总砷，mg/L	≤ 0.05	GB/T 5750.6
总汞，mg/L	≤ 0.001	GB/T 5750.6
总镉，mg/L	≤ 0.01	GB/T 5750.6
六价铬，mg/L	≤ 0.05	GB/T 5750.6
总铅，mg/L	≤ 0.05	GB/T 5750.6
菌落总数[a]，CFU/mL	≤ 100	GB/T 5750.12
总大肠菌群，MPN/100mL	不得检出	GB/T 5750.12

[a] 散养模式免测该指标。

6.2.4 加工用水水质要求

加工用水（含食用盐生产用水等）应符合表6要求。

表6 加工用水水质要求

项目	指标	检验方法
pH	6.5 ~ 8.5	GB/T 5750.4
总汞，mg/L	≤ 0.001	GB/T 5750.6
总砷，mg/L	≤ 0.01	GB/T 5750.6
总镉，mg/L	≤ 0.005	GB/T 5750.6
总铅，mg/L	≤ 0.01	GB/T 5750.6
六价铬，mg/L	≤ 0.05	GB/T 5750.6
氰化物，mg/L	≤ 0.05	GB/T 5750.5
氟化物，mg/L	≤ 1.0	GB/T 5750.5
菌落总数，CFU/mL	≤ 100	GB/T 5750.12
总大肠菌群，MPN/100mL	不得检出	GB/T 5750.12

6.2.5 食用盐原料水水质要求

食用盐原料水包括海水、湖盐或井矿盐天然卤水，应符合表7要求。

表7 食用盐原料水水质要求

单位为毫克每升

项目	指标	检验方法
总汞	≤ 0.001	GB/T 5750.6
总砷	≤ 0.03	GB/T 5750.6
总镉	≤ 0.005	GB/T 5750.6
总铅	≤ 0.01	GB/T 5750.6

6.3 土壤环境质量要求

土壤环境质量按土壤耕作方式的不同分为旱田和水田两大类，每类又根据土壤pH的高低分为三种情况，即pH<6.5，6.5≤pH≤7.5，pH>7.5，应符合表8要求。

表8 土壤质量要求

单位为毫克每千克

项目	旱田			水田			检验方法
	pH<6.5	6.5≤pH≤7.5	pH>7.5	pH<6.5	6.5≤pH≤7.5	pH>7.5	NY/T 1377
总镉	≤0.30	≤0.30	≤0.40	≤0.30	≤0.30	≤0.40	GB/T 17141
总汞	≤0.25	≤0.30	≤0.35	≤0.30	≤0.40	≤0.40	GB/T 22105.1
总砷	≤25	≤20	≤20	≤20	≤20	≤15	GB/T 22105.2
总铅	≤50	≤50	≤50	≤50	≤50	≤50	GB/T 17141
总铬	≤120	≤120	≤120	≤120	≤120	≤120	HJ 491
总铜	≤50	≤60	≤60	≤50	≤60	≤60	HJ 491
果园土壤中铜限量值为旱田中铜限量值的2倍。 水旱轮作用的标准值取严不取宽。 底泥按照水田标准执行。							

6.4 食用菌栽培基质质量要求

栽培基质应符合表9要求，栽培过程中使用的土壤应符合6.3要求。

表 9 食用菌栽培基质质量要求

单位为毫克每千克

项目	指标	检验方法
总汞	≤ 0.1	GB/T 22105.1
总砷	≤ 0.8	GB/T 22105.2
总镉	≤ 0.3	GB/T 17141
总铅	≤ 35	GB/T 17141

7 环境可持续发展要求

7.1 应持续保持土壤地力水平，土壤肥力应维持在同一等级或不断提升。土壤肥力分级参考指标见表 10。

表 10 土壤肥力分级参考指标

项目	级别	旱地	水田	菜地	园地	牧地	检验方法
有机质，g/kg	Ⅰ	>15	>25	>30	>20	>20	NY/T 1121.6
	Ⅱ	10～15	20～25	20～30	15～20	15～20	
	Ⅲ	<10	<20	<20	<15	<15	
全氮，g/kg	Ⅰ	>1.0	>1.2	>1.2	>1.0	—	HJ 717
	Ⅱ	0.8～1.0	1.0～1.2	1.0～1.2	0.8～1.0	—	
	Ⅲ	<0.8	<1.0	<1.0	<0.8	—	
有效磷，mg/kg	Ⅰ	>10	>15	>40	>10	>10	NY/T 1121.7
	Ⅱ	5～10	10～15	20～40	5～10	5～10	
	Ⅲ	<5	<10	<20	<5	<5	
速效钾，mg/kg	Ⅰ	>120	>100	>150	>100	—	NY/T 889
	Ⅱ	80～120	50～100	100～150	50～100	—	
	Ⅲ	<80	<50	<100	<50	—	
底泥、食用菌栽培基质不做土壤肥力检测。							

7.2 应通过合理施用投入品和环境保护措施，保持产地环境指标在同等水平或逐步递减。

中华人民共和国农业行业标准

NY/T 471—2018

绿色食品 饲料及饲料添加剂使用准则

Green food—Guideline for the use of feeds and
feed additives in animals

1 范围

本标准规定了生产绿色食品畜禽、水产产品允许使用的饲料和饲料添加剂的术语和定义、使用原则、要求和使用规定。

本标准适用于生产绿色食品畜禽、水产产品。

2 规范性引用文件

下列文件对于本文件的应用是必不可少的。凡是注日期的引用文件，仅注日期的版本适用于本文件。凡是不注日期的引用文件，其最新版本（包括所有的修改单）适用于本文件。

GB/T 10647 饲料工业术语

中华人民共和国农业农村部 2018-05-07 发布　　2018-09-01 实施

GB 13078　饲料卫生标准

GB/T 16764　配合饲料企业卫生规范

NY/T 391　绿色食品　产地环境质量

NY/T 393　绿色食品　农药使用准则

NY/T 394　绿色食品　肥料使用准则

NY/T 658　绿色食品　包装通用准则

NY/T 1056　绿色食品　贮藏运输准则

中华人民共和国国务院令第609号　饲料和饲料添加剂管理条例

中华人民共和国农业部公告第176号　禁止在饲料和动物饮水中使用的药物品种目录

中华人民共和国农业部公告第1224号　饲料添加剂安全使用规范

中华人民共和国农业部公告第1519号　禁止在饲料和动物饮水中使用的物质

中华人民共和国农业部公告第1773号　饲料原料目录

中华人民共和国农业部公告第2038号　饲料原料目录修订

中华人民共和国农业部公告第2045号　饲料添加剂品种目录（2013）

中华人民共和国农业部公告第2133号　饲料原料目录修订

中华人民共和国农业部公告第2134号　饲料添加剂品种目录修订

3　术语和定义

GB/T 10647　界定的以及以下术语和定义适用于本文件。

3.1　天然植物饲料添加剂　natural plant feed additives

以一种或多种天然植物全株或其部分为原料，经粉碎、物理提取或生物发酵法加工，具有营养、促生长、提高饲料利用率和改善动物产品品质等功效的饲料添加剂。

3.2 有机微量元素 organic trace elements

指微量元素的无机盐与有机物及其分解产物通过螯（络）合或发酵形成的化合物。

4 使用原则

4.1 安全优质原则

生产过程中，饲料和饲料添加剂的使用应对养殖动物机体健康无不良影响，所生产的动物产品品质优，对消费者健康无不良影响。

4.2 绿色环保原则

绿色食品生产中所使用的饲料和饲料添加剂应对环境无不良影响，在畜禽和水产动物产品及排泄物中存留量对环境也无不良影响，有利于生态环境和养殖业可持续发展。

4.3 以天然原料为主原则

提倡优先使用微生物制剂、酶制剂、天然植物添加剂和有机矿物质，限制使用化学合成饲料和饲料添加剂。

5 要求

5.1 基本要求

5.1.1 饲料原料的产地环境应符合 NY/T 391 的要求，植物源性饲料原料种植过程中肥料和农药的使用应符合 NY/T 394 和 NY/T 393 的要求。

5.1.2 饲料和饲料添加剂的选择和使用应符合中华人民共和国国

务院第 609 号令，及中华人民共和国农业部公告第 176 号、中华人民共和国农业部公告第 1519 号、中华人民共和国农业部公告第 1773 号、中华人民共和国农业部公告第 2038 号、中华人民共和国农业部公告第 2045 号、中华人民共和国农业部公告第 2133 号、中华人民共和国农业部公告第 2134 号的规定；对于不在目录之内的原料和添加剂应是农业农村部批准使用的品种，或是允许进口的饲料和饲料添加剂品种，且使用范围和用量应符合相关标准的规定；本标准颁布实施后，国家相关规定不再允许使用的品种，则本标准也相应不再允许使用。

5.1.3 使用的饲料原料、饲料添加剂、配合饲料、浓缩饲料和添加剂预混合饲料应符合其产品质量标准的规定。

5.1.4 应根据养殖动物不同生理阶段和营养需求配制饲料，原料组成宜多样化，营养全面，各营养素间相互平衡，饲料的配制应当符合健康、节约、环保的理念。

5.1.5 应保证草食动物每天都能得到满足其营养需要的粗饲料。在其日粮中，粗饲料、鲜草、青干草或青贮饲料等所占的比例不应低于 60%（以干物质计）；对于育肥期肉用畜和泌乳期的前 3 个月的乳用畜，此比例可降低为 50%（以干物质计）。

5.1.6 购买的商品饲料，其原料来源和生产过程应符合本标准的规定。

5.1.7 应做好饲料原料和添加剂的相关记录，确保所有原料和添加剂的可追溯性。

5.2 卫生要求

饲料和饲料添加剂的卫生指标应符合 GB 13078 的规定。

6 使用规定

6.1 饲料原料

6.1.1 植物源性饲料原料应是已通过认定的绿色食品及其副产品；或来源于绿色食品原料标准化生产基地的产品及其副产品；或按照绿色食品生产方式生产、并经绿色食品工作机构认定基地生产的产品及其副产品。

6.1.2 动物源性饲料原料只应使用乳及乳制品、鱼粉，其他动物源性饲料不应使用；鱼粉应来自经国家饲料管理部门认定的产地或加工厂。

6.1.3 进口饲料原料应来自经过绿色食品工作机构认定的产地或加工厂。

6.1.4 宜使用药食同源天然植物。

6.1.5 不应使用：

——转基因品种（产品）为原料生产的饲料；

——动物粪便；

——畜禽屠宰场副产品；

——非蛋白氮；

——鱼粉（限反刍动物）。

6.2 饲料添加剂

6.2.1 饲料添加剂和添加剂预混合饲料应选自取得生产许可证的厂家，并具有产品标准及其产品批准文号。进口饲料添加剂应具有进口产品许可证及配套的质量检验手段，经进出口检验检疫部门鉴定合格的产品。

6.2.2 饲料添加剂的使用应根据养殖动物的营养需求，按照中华人民共和国农业部公告第1224号的推荐量合理添加和使用，尽量减少对环境的污染。

6.2.3 不应使用药物饲料添加剂（包括抗生素、抗寄生虫药、激素等）及制药工业副产品。

6.2.4 饲料添加剂的使用应按照附录 A 的规定执行；附录 A 的添加剂来自以下物质或方法生产的也不应使用：

——含有转基因成分的品种（产品）；

——来源于动物蹄角及毛发生产的氨基酸。

6.2.5 矿物质饲料添加剂中应有不少于 60% 的种类来源于天然矿物质饲料或有机微量元素产品。

6.3 加工、包装、储存和运输

6.3.1 饲料加工车间（饲料厂）的工厂设计与设施的卫生要求、工厂和生产过程的卫生管理应符合 GB/T 16764 的要求。

6.3.2 生产绿色食品的饲料和饲料添加剂的加工、储存、运输全过程都应与非绿色食品饲料和饲料添加剂严格区分管理，并防霉变、防雨淋、防鼠害。

6.3.3 包装应按照 NY/T 658 的规定执行。

6.3.4 储存和运输应按照 NY/T 1056 的规定执行。

附录 A

（规范性附录）

生产绿色食品允许使用的饲料添加剂种类

A.1 可用于饲喂生产绿色食品的畜禽和水产动物的矿物质饲料添加剂见表A.1。

表 A.1　生产绿色食品允许使用的矿物质饲料添加剂种类

类别	通用名称	适用范围
矿物元素及其络（螯）合物	氯化钠、硫酸钠、磷酸二氢钠、磷酸氢二钠、磷酸二氢钾、磷酸氢二钾、轻质碳酸钙、氯化钙、磷酸氢钙、磷酸二氢钙、磷酸三钙、乳酸钙、葡萄糖酸钙、硫酸镁、氧化镁、氯化镁、柠檬酸亚铁、富马酸亚铁、乳酸亚铁、硫酸亚铁、氯化亚铁、氯化铁、碳酸亚铁、氯化铜、硫酸铜、碱式氯化铜、氧化锌、氯化锌、碳酸锌、硫酸锌、乙酸锌、碱式氯化锌、氯化锰、氧化锰、硫酸锰、碳酸锰、磷酸氢锰、碘化钾、碘化钠、碘酸钾、碘酸钙、氯化钴、乙酸钴、硫酸钴、亚硒酸钠、钼酸钠、蛋氨酸铜络（螯）合物、蛋氨酸铁络（螯）合物、蛋氨酸锰络（螯）合物、蛋氨酸锌络（螯）合物、赖氨酸铜络（螯）合物、赖氨酸锌络（螯）合物、甘氨酸铜络（螯）合物、甘氨酸铁络（螯）合物、酵母铜、酵母铁、酵母锰、酵母硒、氨基酸铜络合物（氨基酸来源于水解植物蛋白）、氨基酸铁络合物（氨基酸来源于水解植物蛋白）、氨基酸锰络合物（氨基酸来源于水解植物蛋白）、氨基酸锌络合物（氨基酸来源于水解植物蛋白）	养殖动物
	蛋白铜、蛋白铁、蛋白锌、蛋白锰	养殖动物（反刍动物除外）
	羟基蛋氨酸类似物络（螯）合锌、羟基蛋氨酸类似物络（螯）合锰、羟基蛋氨酸类似物络（螯）合铜	奶牛、肉牛、家禽和猪
	烟酸铬、酵母铬、蛋氨酸铬、吡啶甲酸铬	猪
	丙酸铬、甘氨酸锌	猪
	丙酸锌	猪、牛和家禽
	硫酸钾、三氧化二铁、氧化铜	反刍动物

（续表）

类别	通用名称	适用范围
矿物元素及其络（螯）合物	碳酸钴	反刍动物
	乳酸锌（α-羟基丙酸锌）	生长育肥猪、家禽
	苏氨酸锌螯合物	猪

注：所列物质包括无水和结晶水形态。

A.2 可用于饲喂生产绿色食品的畜禽和水产动物的维生素

见表A.2。

表A.2 生产绿色食品允许使用的维生素

类别	通用名称	适用范围
维生素及类维生素	维生素A、维生素A乙酸酯、维生素A棕榈酸酯、β-胡萝卜素、盐酸硫胺（维生素B_1）、硝酸硫胺（维生素B_1）、核黄素（维生素B_2）、盐酸吡哆醇（维生素B_6）、氰钴胺（维生素B_{12}）、L-抗坏血酸（维生素C）、L-抗坏血酸钙、L-抗坏血酸钠、L-抗坏血酸-2-磷酸酯、L-抗坏血酸-6-棕榈酸酯、维生素D_2、维生素D_3、天然维生素E、dl-α-生育酚、dl-α-生育酚乙酸酯、亚硫酸氢钠甲萘醌（维生素K_3）、二甲基嘧啶醇亚硫酸甲萘醌、亚硫酸氢烟酰胺甲萘醌、烟酸、烟酰胺、D-泛醇、D-泛酸钙、DL-泛酸钙、叶酸、D-生物素、氯化胆碱、肌醇、L-肉碱、L-肉碱盐酸盐、甜菜碱、甜菜碱盐酸盐	养殖动物
	25-羟基胆钙化醇（25-羟基维生素D_3）	猪、家禽

A.3 可用于饲喂生产绿色食品的畜禽和水产动物的氨基酸

见表A.3。

表 A.3 生产绿色食品允许使用的氨基酸

类别	通用名称	适用范围
氨基酸、氨基酸盐及其类似物	L-赖氨酸、液体L-赖氨酸（L-赖氨酸含量不低于50%）、L-赖氨酸盐酸盐、L-赖氨酸硫酸盐及其发酵副产物（产自谷氨酸棒杆菌、乳糖发酵短杆菌，L-赖氨酸含量不低于51%）、DL-蛋氨酸、L-苏氨酸、L-色氨酸、L-精氨酸、L-精氨酸盐酸盐、甘氨酸、L-酪氨酸、L-丙氨酸、天（门）冬氨酸、L-亮氨酸、异亮氨酸、L-脯氨酸、苯丙氨酸、丝氨酸、L-半胱氨酸、L-组氨酸、谷氨酸、谷氨酰胺、缬氨酸、胱氨酸、牛磺酸	养殖动物
	半胱胺盐酸盐	畜禽
	蛋氨酸羟基类似物、蛋氨酸羟基类似物钙盐	猪、鸡、牛和水产养殖动物
	N-羟甲基蛋氨酸钙	反刍动物
	α-环丙氨酸	鸡

A.4 可用于饲喂生产绿色食品的畜禽和水产动物的酶制剂、微生物、多糖和寡糖

见表A.4。

表 A.4 生产绿色食品允许使用的酶制剂、微生物、多糖和寡糖

类别	通用名称	适用范围
酶制剂	淀粉酶（产自黑曲霉、解淀粉芽孢杆菌、地衣芽孢杆菌、枯草芽孢杆菌、长柄木霉、米曲霉、大麦芽、酸解支链淀粉芽孢杆菌）	青贮玉米、玉米、玉米蛋白粉、豆粕、小麦、次粉、大麦、高粱、燕麦、豌豆、木薯、小米、大米
	α-半乳糖苷酶（产自黑曲霉）	豆粕
	纤维素酶（产自长柄木霉、黑曲霉、孤独腐质霉、绳状青霉）	玉米、大麦、小麦、麦麸、黑麦、高粱
	β-葡聚糖酶（产自黑曲霉、枯草芽孢杆菌、长柄木霉、绳状青霉、解淀粉芽孢杆菌、棘孢曲霉）	小麦、大麦、菜籽粕、小麦副产物、去壳燕麦、黑麦、黑小麦、高粱
	葡萄糖氧化酶（产自特异青霉、黑曲霉）	葡萄糖
	脂肪酶（产自黑曲霉、米曲霉）	动物或植物源性油脂或脂肪
	麦芽糖酶（产自枯草芽孢杆菌）	麦芽糖
	β-甘露聚糖酶（产自迟缓芽孢杆菌、黑曲霉、长柄木霉）	玉米、豆粕、椰子粕
	果胶酶（产自黑曲霉、棘孢曲霉）	玉米、小麦
	植酸酶（产自黑曲霉、米曲霉、长柄木霉、毕赤酵母）	玉米、豆粕等含有植酸的植物籽实及其加工副产品类饲料原料
	蛋白酶（产自黑曲霉、米曲霉、枯草芽孢杆菌、长柄木霉）	植物和动物蛋白
	角蛋白酶（产自地衣芽孢杆菌）	植物和动物蛋白

（续表）

类别	通用名称	适用范围
酶制剂	木聚糖酶（产自米曲霉、孤独腐质霉、长柄木霉、枯草芽孢杆菌、绳状青霉、黑曲霉、毕赤酵母）	玉米、大麦、黑麦、小麦、高粱、黑小麦、燕麦
	饲用黄曲霉毒素 B_1 分解酶（产自发光假蜜环菌）	肉鸡、仔猪
	溶菌酶	仔猪、肉鸡
微生物	地衣芽孢杆菌、枯草芽孢杆菌、两歧双歧杆菌、粪肠球菌、屎肠球菌、乳酸肠球菌、嗜酸乳杆菌、干酪乳杆菌、德式乳杆菌乳酸亚种（原名：乳酸乳杆菌）、植物乳杆菌、乳酸片球菌、戊糖片球菌、产朊假丝酵母、酿酒酵母、沼泽红假单胞菌、婴儿双歧杆菌、长双歧杆菌、短双歧杆菌、青春双歧杆菌、嗜热链球菌、罗伊氏乳杆菌、动物双歧杆菌、黑曲霉、米曲霉、迟缓芽孢杆菌、短小芽孢杆菌、纤维二糖乳杆菌、发酵乳杆菌、德氏乳杆菌保加利亚亚种（原名：保加利亚乳杆菌）	养殖动物
	产丙酸丙酸杆菌、布氏乳杆菌	青贮饲料、牛饲料
	副干酪乳杆菌	青贮饲料
	凝结芽孢杆菌	肉鸡、生长育肥猪和水产养殖动物
	侧孢短芽孢杆菌（原名：侧孢芽孢杆菌）	肉鸡、肉鸭、猪、虾
	丁酸梭菌	断奶仔猪、肉仔鸡
多糖和寡糖	低聚木糖（木寡糖）	鸡、猪、水产养殖动物
	低聚壳聚糖	猪、鸡和水产养殖动物
	半乳甘露寡糖	猪、肉鸡、兔和水产养殖动物

（续表）

类别	通用名称	适用范围
多糖和寡糖	果寡糖、甘露寡糖、低聚半乳糖	养殖动物
	壳寡糖（寡聚β-（1-4）-2-氨基-2-脱氧-D-葡萄糖）（n=2~10）	猪、鸡、肉鸭、虹鳟鱼
	β-1,3-D-葡聚糖（源自酿酒酵母）	水产养殖动物
	N，O-羧甲基壳聚糖	猪、鸡
	低聚异麦芽糖	蛋鸡、断奶仔猪
	褐藻酸寡糖	肉鸡、蛋鸡

注：1. 酶制剂的适用范围为典型底物，仅作为推荐，并不包括所有可用底物。
注：2. 目录中所列长柄木霉亦可称为长枝木霉或李氏木霉。

A.5 可用于饲喂生产绿色食品的畜禽和水产动物的抗氧化剂

见表A.5。

表 A.5 生产绿色食品允许使用的抗氧化剂

类别	通用名称	适用范围
抗氧化剂	乙氧基喹啉、丁基羟基茴香醚（BHA）、二丁基羟基甲苯（BHT）、没食子酸丙酯、特丁基对苯二酚（TBHQ）、茶多酚、维生素E、L-抗坏血酸-6-棕榈酸酯	养殖动物

A.6 可用于饲喂生产绿色食品的畜禽和水产动物的防腐剂、防霉剂和酸度调节剂

见表A.6。

表 A.6 生产绿色食品允许使用的防腐剂、防霉剂和酸度调节剂

类别	通用名称	适用范围
防腐剂、防霉剂和酸度调节剂	甲酸、甲酸铵、甲酸钙、乙酸、双乙酸钠、丙酸、丙酸铵、丙酸钠、丙酸钙、丁酸、丁酸钠、乳酸、山梨酸、山梨酸钠、山梨酸钾、富马酸、柠檬酸、柠檬酸钾、柠檬酸钠、柠檬酸钙、酒石酸、苹果酸、磷酸、氢氧化钠、碳酸氢钠、氯化钾、碳酸钠	养殖动物
	乙酸钙	畜禽
	二甲酸钾	猪
	氯化铵	反刍动物
	亚硫酸钠	青贮饲料

A.7 可用于饲喂生产绿色食品的畜禽和水产动物的粘结剂、抗结块剂、稳定剂和乳化剂

见表A.7。

表 A.7 生产绿色食品允许使用的粘结剂、抗结块剂、稳定剂和乳化剂

类别	通用名称	适用范围
粘结剂、抗结块剂、稳定剂和乳化剂	α-淀粉、三氧化二铝、可食脂肪酸钙盐、可食用脂肪酸单/双甘油酯、硅酸钙、硅铝酸钠、硫酸钙、硬脂酸钙、甘油脂肪酸酯、聚丙烯酸树脂Ⅱ、山梨醇酐单硬脂酸酯、丙二醇、二氧化硅（沉淀并经干燥的硅酸）、卵磷脂、海藻酸钠、海藻酸钾、海藻酸铵、琼脂、瓜尔胶、阿拉伯树胶、黄原胶、甘露糖醇、木质素磺酸盐、羧甲基纤维素钠、聚丙烯酸钠、山梨醇酐脂肪酸酯、蔗糖脂肪酸酯、焦磷酸二钠、单硬脂酸甘油酯、聚乙二醇400、磷脂、聚乙二醇甘油蓖麻酸酯、辛烯基琥珀酸淀粉钠	养殖动物
	丙三醇	猪、鸡和鱼
	硬脂酸	猪、牛和家禽

A.8 除表 A.1 至表 A.7 外,也可用于饲喂生产绿色食品的畜禽和水产动物的饲料添加剂。

见表A.8。

表 A.8 生产绿色食品允许使用的其他类饲料添加剂

类别	通用名称	适用范围
其他	天然类固醇萨洒皂角苷(源自丝兰)、天然三萜烯皂角苷(源自可来雅皂角树)、二十二碳六烯酸(DHA)	养殖动物
其他	糖萜素(源自山茶籽饼)	猪和家禽
	乙酰氧肟酸	反刍动物
	苜蓿提取物(有效成分为苜蓿多糖、苜蓿黄酮、苜蓿皂苷)	仔猪、生长育肥猪、肉鸡
	杜仲叶提取物(有效成分为绿原酸、杜仲多糖、杜仲黄酮)	生长育肥猪、鱼、虾
	淫羊藿提取物(有效成分为淫羊藿苷)	鸡、猪、绵羊、奶牛
	共轭亚油酸	仔猪、蛋鸡
	4,7-二羟基异黄酮(大豆黄酮)	猪、产蛋家禽
	地顶孢霉培养物	猪、鸡
	紫苏籽提取物(有效成分为α-亚油酸、亚麻酸、黄酮)	猪、肉鸡和鱼
	植物甾醇(源于大豆油/菜籽油,有效成分为β-谷甾醇、菜油甾醇、豆甾醇)	家禽、生长育肥猪
	藤茶黄酮	鸡

中华人民共和国农业行业标准

NY/T 472—2013

绿色食品 兽药使用准则

Green food—Veterinary drug application guideline

1 范围

本标准规定了绿色食品生产中兽药使用的术语和定义、基本原则、生产AA级和A级绿色食品的兽药使用原则。

本标准适用于绿色食品畜禽及其产品的生产与管理。

2 规范性引用文件

下列文件对于本文件的应用是必不可少的。凡是注日期的引用文件,仅注日期的版本适用于本文件。凡是不注日期的引用文件,其最新版本(包括所有的修改单)适用于本文件。

GB/T 19630.1 有机产品 第1部分:生产

NY/T 391 绿色食品 产地环境质量

中华人民共和国农业部 2013-12-13 发布　　2014-04-01 实施

中华人民共和国动物防疫法

兽药管理条例

畜禽标识和养殖档案管理办法

中华人民共和国农业部　中华人民共和国兽药典

中华人民共和国农业部　兽药质量标准

中华人民共和国农业部　兽用生物制品质量标准

中华人民共和国农业部　进口兽药质量标准

中华人民共和国农业部公告第235号　动物性食品中兽药最高残留限量

中华人民共和国农业部公告第278号　兽药停药期规定

3　术语和定义

下列术语和定义适用于本文件。

3.1　AA级绿色食品　AA grade green food

产地环境质量符合NY/T 391的要求，遵照绿色食品生产标准生产，生产过程中遵循自然规律和生态学原理，协调种植业和养殖业的平衡，不使用化学合成的肥料、农药、兽药、渔药、添加剂等物质，产品质量符合绿色食品产品标准，经专门机构许可使用绿色食品标志的产品。

3.2　A级绿色食品　A grade green food

产地环境质量符合NY/T 391的要求，遵照绿色食品生产标准生产，生产过程中遵循自然规律和生态学原理，协调种植业和养殖业的平衡，限量使用限定的化学合成生产资料，产品质量符合绿色食品产品标准，经专门机构许可使用绿色食品标志的产品。

3.3 兽药 veterinary drug

用于预防、治疗、诊断动物疾病，或者有目的地调节动物生理机能的物质。包括化学药品、抗生素、中药材、中成药、生化药品、血清制品、疫苗、诊断制品、微生态制剂、放射性药品、外用杀虫剂和消毒剂等。

3.4 微生态制剂 probiotics

运用微生态学原理，利用对宿主有益的微生物及其代谢产物，经特殊工艺将一种或多种微生物制成的制剂。包括植物乳杆菌、枯草芽孢杆菌、乳酸菌、双歧杆菌、肠球菌和酵母菌等。

3.5 消毒剂 disinfectant

用于杀灭传播媒介上病原微生物的制剂。

3.6 产蛋期 egg producing period

禽从产第一枚蛋至产蛋周期结束的持续时间。

3.7 泌乳期 duration of lactation

乳畜每一胎次开始泌乳到停止泌乳的持续时间。

3.8 休药期 withdrawal time；withholding time

停药期

从畜禽停止用药到允许屠宰或其产品（乳、蛋）许可上市的间隔时间。

3.9 执业兽医 licensed veterinarian

具备兽医相关技能，取得国家执业兽医统一考试或授权具有兽医执业资格，依法从事动物诊疗和动物保健等经营活动的人员，包括执业兽医师、执业助理兽医师和乡村兽医。

4 基本原则

4.1 生产者应供给动物充足的营养，应按照 NY/T 391 提供良好的饲养环境，加强饲养管理，采取各种措施以减少应激，增强动物自身的抗病力。

4.2 应按《中华人民共和国动物防疫法》的规定进行动物疾病的防治，在养殖过程中尽量不用或少用药物；确需使用兽药时，应在执业兽医指导下进行。

4.3 所用兽药应来自取得生产许可证和产品批准文号的生产企业，或者取得进口兽药登记许可证的供应商。

4.4 兽药的质量应符合《中华人民共和国兽药典》《兽药质量标准》《兽用生物制品质量标准》《进口兽药质量标准》的规定。

4.5 兽药的使用应符合《兽药管理条例》和农业部公告第 278 号等有关规定，建立用药记录。

5 生产 AA 级绿色食品的兽药使用原则

按 GB/T 19630.1 执行。

6 生产 A 级绿色食品的兽药使用原则

6.1 可使用的兽药种类

6.1.1 优先使用第 5 章中生产 AA 级绿色食品所规定的兽药。

6.1.2 优先使用农业部公告第 235 号中无最高残留限量（MRLs）要求或农业部公告第 278 号中无休药期要求的兽药。

6.1.3 可使用国务院兽医行政管理部门批准的微生态制剂、中药制剂和生物制品。

6.1.4 可使用高效、低毒和对环境污染低的消毒剂。

6.1.5 可使用附录 A 以外且国家许可的抗菌药、抗寄生虫药及其他兽药。

6.2 不应使用药物种类

6.2.1 不应使用附录 A 中的药物以及国家规定的其他禁止在畜禽养殖过程中使用的药物；产蛋期和泌乳期还不应使用附录 B 中的兽药。

6.2.2 不应使用药物饲料添加剂。

6.2.3 不应使用酚类消毒剂，产蛋期不应使用酚类和醛类消毒剂。

6.2.4 不应为了促进畜禽生长而使用抗菌药物、抗寄生虫药、激素或其他生长促进剂。

6.2.5 不应使用基因工程方法生产的兽药。

6.3 兽药使用记录

6.3.1 应符合《畜禽标识和养殖档案管理办法》规定的记录要求。

6.3.2 应建立兽药入库、出库记录，记录内容包括药物的商品名称、通用名称、主要成分、生产单位、批号、有效期、贮存条件等。

6.3.3 应建立兽药使用记录，包括消毒记录、动物免疫记录和患病动物诊疗记录等。其中，消毒记录内容包括消毒剂名称、剂量、消毒方式、消毒时间等；动物免疫记录内容包括疫苗名称、剂量、使用方法、使用时间等；患病动物诊疗记录内容包括发病时间、症状、诊断结论以及所用的药物名称、剂量、使用方法、使用时间等。

6.3.4 所有记录资料应在畜禽及其产品上市后保存两年以上。

附录 A
（规范性附录）

生产 A 级绿色食品不应使用的药物

生产A级绿色食品不应使用表A.1所列的药物。

表 A.1 生产绿色食品不应使用的药物目录

序号	种类		药物名称	用途
1	β-受体激动剂类		克仑特罗（clenbuterol）、沙丁胺醇（salbutamol）、莱克多巴胺（ractopamine）、西马特罗（cimaterol）、特布他林（terbutaline）、多巴胺（dopamine）、班布特罗（bambuterol）、齐帕特罗（zilpaterol）、氯丙那林（clorprenaline）、马布特罗（mabuterol）、西布特罗（cimbuterol）、溴布特罗（brombuterol）、阿福特罗（arformoterol）、福莫特罗（formoterol）、苯乙醇胺 A（phenylethanolamine A）及其盐、酯及制剂	所有用途
2	激素类	性激素类	己烯雌酚（diethylstilbestrol）、己烷雌酚（hexestrol）及其盐、酯及制剂	所有用途
			甲基睾丸酮（methyltestosterone）、丙酸睾酮（testosterone propionate）、苯丙酸诺龙（nandrolone phenylpropionate）、雌二醇（estradiol）、戊酸雌二醇（estradiol valcrate）、苯甲酸雌二醇（estradiol benzoate）及其盐、酯及制剂	促生长
		具雌激素样作用的物质	玉米赤霉醇类药物（zeranol）、去甲雄三烯醇酮（trenbolone）、醋酸甲孕酮（mengestrol acetate）及制剂	所有用途

· 273 ·

（续表）

序号	种类		药物名称	用途
3	催眠、镇静类		安眠酮（methaqualone）及制剂	所有用途
			氯丙嗪（chlorpromazine）及制剂	所有用途
			地西泮（安定，diazepam）及其盐、酯及制剂	促生长
4	抗菌药类	氨苯砜	氨苯砜（dapsone）及制剂	所有用途
		酰胺醇类	氯霉素（chloramphenicol）及其盐、酯 [包括：琥珀氯霉素（chloramphenicol succinate）] 及制剂	所有用途
		硝基呋喃类	呋喃唑酮（furazolidone）、呋喃西林（furacillin）、呋喃妥因（nitrofurantoin）、呋喃它酮（furaltadone）、呋喃苯烯酸钠（nifurstyrenate sodium）及制剂	所有用途
		硝基化合物	硝基酚钠（sodium nitrophenolate）、硝呋烯腙（nitrovin）及制剂	所有用途
		磺胺类及其增效剂	磺胺噻唑（sulfathiazole）、磺胺嘧啶（sulfadiazine）、磺胺甲噁唑（sulfamethoxazole）、磺胺二甲嘧啶（sulfadimidine）、磺胺甲氧嘧啶（sulfamethoxydiazine）、磺胺间甲氧嘧啶（sulfamonomethoxine）、磺胺对甲氧嘧啶（sulfamethoxine）、磺胺二甲氧嘧啶（sulfadimethoxin）、磺胺喹噁啉（sulfaquinoxaline）、三甲氧苄氨嘧啶（trimethoprim）及其盐和制剂	所有用途
		喹诺酮类	诺氟沙星（norfloxacin）、氧氟沙星（ofloxacin）、培氟沙星（pefloxacin）、洛美沙星（lomefloxacin）及其盐和制剂	所有用途

（续表）

序号	种类		药物名称	用途
4	抗菌药类	喹恶啉类	卡巴氧（carbadox）、喹乙醇（olaquindox）、喹烯酮（quinocetone）、乙酰甲喹（mequindox）及其盐、酯及制剂	所有用途
		抗生素滤渣	抗生素滤渣	所有用途
5	抗寄生虫类	苯并咪唑类	噻苯咪唑（thiabendazole）、阿苯咪唑（albendazole）、甲苯咪唑（mebendazole）、硫苯咪唑（fenbendazole）、磺苯咪唑（oxfendazole）、丁苯咪唑（parbendazole）、丙氧苯咪唑（oxibendazole）、丙噻苯咪唑（CBZ）及制剂	所有用途
		抗球虫类	二氯二甲吡啶酚（clopidol）、氨丙啉（amprolini）、氯苯胍（robenidine）及其盐和制剂	所有用途
		硝基咪唑类	甲硝唑（metronidazole）、地美硝唑（dimetronidazole）、替硝唑（tinidazole）及其盐、酯及制剂等	促生长
		氨基甲酸酯类	甲萘威（carbaryl）、呋喃丹（克百威、carbofuran）及制剂	杀虫剂
		有机氯杀虫剂	六六六（BHC）、滴滴涕（DDT）、林丹（丙体六六六、lindane）、毒杀芬（氯化烯、camahechlor）及制剂	杀虫剂

(续表)

序号	种类		药物名称	用途
5	抗寄生虫类	有机磷杀虫剂	敌百虫（trichlorfon）、敌敌畏（dichlorvos）、皮蝇磷（fenchlorphos）、氧硫磷（oxinothiophos）、二嗪农（diazinon）、倍硫磷（fenthion）、毒死蜱（chlorpyrifos）、蝎毒磷（coumaphos）、马拉硫磷（malathion）及制剂	杀虫剂
		其他杀虫剂	杀虫脒（chlordimeform）、克死螨、双甲脒（amitraz）、酒石酸锑钾（antimony potassium tartrate）、锥虫胂胺（tryparsamide）、孔雀石绿（malachite green）、五氯酚酸钠（pentachlorophenol sodium）、氯化亚汞（甘汞、calomel）、硝酸亚汞（mercurous nitrate）、醋酸汞（mercurous acetate）、吡啶基醋酸汞（pyridyl mercurous acetate）	杀虫剂
6	抗病毒类药物		金刚烷胺（amantadine）、金刚乙胺（rimantadine）、阿昔洛韦（aciclovir）、吗啉（双）胍（病毒灵）（moroxydine）、利巴韦林（ribavirin）等及其盐、酯及制剂、复方制剂	抗病毒
7	有机胂制剂		洛克沙胂（roxarsone）、氨苯胂酸（阿散酸，arsanilic acid）	所有用途

附录 B
（规范性附录）
产蛋期和泌乳期不应使用的兽药

产蛋期和泌乳期不应使用表B.1所列的兽药。

表 B.1 产蛋期和泌乳期不应使用的兽药目录

生长阶段	种类		兽药名称
产蛋期	抗菌药类	四环素类	四环素（tetracycline）、多西环素（doxycycline）
		青霉素类	阿莫西林（amoxycillin）、氨苄西林（ampicillin）
		氨基糖苷类	新霉素（neomycin）、安普霉素（apramycin）、越霉素 A（destomycin A）、大观霉素（spectinomycin）
		磺胺类	磺胺氯哒嗪（sulfachlorpyridazine）、磺胺氯吡嗪钠（sulfachlorpyridazine sodium）
		酰胺醇类	氟苯尼考（florfenicol）
		林可胺类	林可霉素（lincomycin）
		大环内酯类	红霉素（erythromycin）、泰乐菌素（tylosin）、吉他霉素（kitasamycin）、替米考星（tilmicosin）、泰万菌素（tylvalosin）
		喹诺酮类	达氟沙星（danofloxacin）、恩诺沙星（enrofloxacin）、沙拉沙星（sarafloxacin）、环丙沙星（ciprofloxacin）、二氟沙星（difloxacin）、氟甲喹（flumequine）

（续表）

生长阶段	种类		兽药名称
产蛋期	抗菌药类	多肽类	那西肽（nosiheptide）、粘霉素（colimycin）、恩拉霉素（enramycin）、维吉尼霉素（virginiamycin）
		聚醚类	海南霉素钠（hainan fosfomycin sodium）
	抗寄生虫类		二硝托胺（dinitolmide）、马杜霉素（madubamycin）、地克珠利（diclazuril）、氯羟吡啶（clopidol）、氯苯胍（robenidine）、盐霉素钠（salinomycin sodium）
泌乳期	抗菌药类	四环素类	四环素（tetracycline）、多西环素（doxycycline）
		青霉素类	苄星邻氯青霉素（benzathine cloxacillin）
		大环内酯类	替米考星（tilmicosin）、泰拉霉素（tulathromycin）
	抗寄生虫类		双甲脒（amitraz）、伊维菌素（ivermectin）、阿维菌素（avermectin）、左旋咪唑（levamisole）、奥芬达唑（oxfendazole）、碘醚柳胺（rafoxanide）

中华人民共和国农业行业标准

NY/T 473—2016

绿色食品 畜禽卫生防疫准则

Green food—Guideline for health and disease prevention of livestock and poultry

1 范围

本标准规定了绿色食品畜禽饲养场、屠宰场的动物卫生防疫要求。

本标准适用于绿色食品畜禽饲养、屠宰。

2 规范性引用文件

下列文件对于本文件的应用是必不可少的。凡是注日期的引用文件，仅注日期的版本适用于本文件。凡是不注日期的引用文件，其最新版本（包括所有的修改单）适用于本文件。

GB 16548 病害动物和病害动物产品生物安全处理规程

中华人民共和国农业部 2016-10-26 发布　　2017-04-01 实施

GB 16549　畜禽产地检疫规范

GB 18596　畜禽养殖业污染物排放标准

GB/T 22569　生猪人道屠宰技术规范

NY/T 388　畜禽场环境质量标准

NY/T 391　绿色食品　产地环境质量

NY 467　畜禽屠宰卫生检疫规范

NY/T 471　绿色食品　畜禽饲料及饲料添加剂使用准则

NY/T 472　绿色食品　兽药使用准则

NY/T 1167　畜禽场环境质量及卫生控制规范

NY/T 1168　畜禽粪便无害化处理技术规范

NY/T 1169　畜禽场环境污染控制技术规范

NY/T 1340　家禽屠宰质量管理规范

NY/T 1341　家畜屠宰质量管理规范

NY/T 1569　畜禽养殖场质量管理体系建设通则

NY/T 2076　生猪屠宰加工场（厂）动物卫生条件

NY/T 2661　标准化养殖场　生猪

NY/T 2662　标准化养殖场　奶牛

NY/T 2663　标准化养殖场　肉牛

NY/T 2664　标准化养殖场　蛋鸡

NY/T 2665　标准化养殖场　肉羊

NY/T 2666　标准化养殖场　肉鸡

3　术语和定义

下列术语和定义适用于本文件。

3.1　动物卫生　animal health

为确保动物的卫生、健康以及人对动物产品消费的安全，在动物生产、屠宰中应采取的条件和措施。

3.2 动物防疫 animal disease prevention

动物疫病的预防、控制、扑灭，以及动物及动物产品的检疫。

3.3 执业兽医 licensed veterinarian

具备兽医相关技能，取得国家执业兽医统一考试或授权具有兽医执业资格，依法从事动物诊疗和动物保健等经营活动的人员，包括执业兽医师、执业助理兽医师和乡村兽医。

4 畜禽饲养场卫生防疫要求

4.1 场址选择、建设条件、规划布局要求

4.1.1 家畜饲养场场址选择、建设条件、规划布局要求应符合NY/T 2661、NY/T 2662、NY/T 2663、NY/T 2665的要求；蛋用、肉用家禽的建设、规划布局要求应分别参照NY/T 2664和NY/T 2666要求。

4.1.2 饲养场周围应具备就地存放粪污的足够场地和排污条件，且应设立无害化处理设施设备。

4.1.3 场区入口应设置能够满足运输工具消毒的设施，人员入口设消毒池，并设置紫外消毒间、喷淋室、淋浴更衣间等。

4.1.4 饲养人员、畜禽和其他生产资料的运转应分别采取不交叉的单一流向，减少污染和动物疫病传播。

4.1.5 畜禽饲养场所环境质量及卫生控制应符合NY/T 1167的相关要求。

4.1.6 绿色食品畜禽饲养场还应满足以下要求：

a）应选择水源充足、无污染和生态条件良好的地区，且应距离交通要道、城镇、居民区、医疗机构、公共场所、工矿企业2km以上，距离垃圾处理场、垃圾填埋场、风景旅游区、点污染源5km以上，污染场所或地区应处于场址常年主导风向的下风向；

b）应有足够畜禽自由活动的场所、设施设备，以充分保障动物福利；

c）生态、大气环境和畜禽饮用水水质应符合NY/T 391的要求；

d）应配备满足生产需要的兽医场所，并具备常规的化验检验条件。

4.2 畜禽饲养场饲养管理、防疫要求

4.2.1 畜禽饲养场卫生防疫，宜加强畜禽饲养管理，提高畜禽机体的抗病能力，减少动物应激反应，控制和杜绝传染病的发生、传播和蔓延，建立"预防为主"的策略，不用或少用防疫用兽药。

4.2.2 畜禽养殖场应建立质量管理体系，并按照 NY/T 1569 的规定执行；建立畜禽饲养场卫生防疫管理制度。

4.2.3 同一饲养场所内不应混养不同种类的畜禽，畜禽的饲养密度、通风设施、采光等条件宜满足动物福利要求。不同畜禽饲养密度应符合表1要求。

表 1 不同畜禽饲养密度要求

畜禽种类		饲养密度
蛋禽	后备家禽	10 只 /m^2 ～ 20 只 /m^2
	产蛋家禽	10 只 /m^2 ～ 20 只 /m^2（平养）
		10 只 /m^2 ～ 15 只 /m^2（笼养）
肉禽	商品肉禽舍	20kg/m^2 ～ 30kg/m^2
猪	育肥猪	0.7m^2/头 ～ 0.9m^2/头（≤ 50kg）
		1m^2/头 ～ 1.2m^2/头（>50kg，≤ 85kg）
		1.3m^2/头 ～ 1.5m^2/头（>85kg）

（续表）

畜禽种类		饲养密度
猪	仔猪（40日龄或≤30kg）	0.5m²/头 ~ 0.8m²/头
牛	奶牛	4m²/头 ~ 7m²/头（栓系式）
		3m²/头 ~ 5m²/头（散栏式）
	肉牛	1.2m²/头 ~ 1.6m²/头（≤100kg）
		2.3m²/头 ~ 2.7m²/头（>100kg，≤200kg）
		3.8m²/头 ~ 4.2m²/头（>200kg，≤350kg）
		5.0m²/头 ~ 5.5m²/头（>350kg）
	公牛	7m²/头 ~ 10m²/头
羊	绵羊、山羊	1m²/头 ~ 1.5m²/头
	羔羊	0.3m²/头 ~ 0.5m²/头

4.2.4 畜禽饲养场应建立健全整体防疫体系，各项防疫措施应完整、配套、实用，畜禽疫病监测和控制方案应遵照《中华人民共和国动物防疫法》及其配套法规执行。

4.2.5 应制定合理的饲养管理、防疫消毒、兽药和饲料使用技术规程；免疫程序的制定应由执业兽医认可，国家强制免疫的动物疫病应按照国家相关制度执行。

4.2.6 病死畜禽尸体的无害化处理和处置应符合 GB 16548 要求；畜禽饲养场粪便、污水、污物及固体废弃物的处理应符合 NY/T 1168 及国家环保的要求，处理后饲养场污物排放标准应符合 GB 18596 要求；环境卫生质量应达到 NY/T 388、NY/T 1169 要求。

4.2.7 绿色食品畜禽饲养场的饲养管理和防疫还应满足以下要求：

a）宜建立无规定疫病区或生物安全隔离区；

b）畜禽圈舍中空气质量应定期进行监测，并符合NY/T 388的要求；

c）饲料、饲料添加剂的使用应符合NY/T 471的要求；

d）应制定畜禽圈舍、运动场所清洗消毒规程，粪便及废弃物的清理、消毒规程和畜禽体外消毒规程，以提高畜禽饲养场卫生条件水平；消毒剂的使用应符合NY/T 472的要求；

e）加强畜禽饲养管理水平，并确保畜禽不应患有附录A所列的各种动物疾病；

f）应制定畜禽疾病定期监测及早期疫情预报预警制度，并定期对其进行监测；在产品申报绿色食品或绿色食品年度抽检时，应提供对附录A所列疾病的病原学检测报告；

g）当发生国家规定无须扑杀的动物疫病或其他非传染性疾病时，要开展积极的治疗；必须用药时，应按照NY/T 472的规定使用治疗性药物；

h）应具有1名以上执业兽医提供稳定的兽医技术服务。

4.3 畜禽繁育或引进的要求

4.3.1 宜"自繁自养"，自养的种畜禽应定期检验检疫。

4.3.2 引进畜禽应来自具有种畜禽生产经营许可证的种畜禽场，按GB 16549的要求实施产地检疫，并取得动物检疫合格证明或无特定动物疫病的证明。对新引进的畜禽，应进行隔离饲养观察，确认健康方可进场饲养。

4.4 记录

畜禽饲养场应对畜禽饲养、清污、消毒、免疫接种、疫病诊断、治疗等做好详细记录，对饲料、兽药等投入品的购买、使用、存储等做好详细记录，对畜禽疾病、尤其是附录A所列疾病的监测情况应做好记录并妥善保管，相关记录至少应在清群后保存3年以上。

5 畜禽屠宰场卫生防疫要求

5.1 畜禽屠宰场场址选择、建设条件要求

5.1.1 畜禽屠宰场的场址选择、卫生条件、屠宰设施设备应符合NY/T 2076、NY/T 1340、NY/T 1341的要求。

5.1.2 绿色食品畜禽屠宰场还应满足以下要求：

 a）应选择水源充足、无污染和生态条件良好的地区，距离垃圾处理场、垃圾填埋场、点污染源等污染场所5km以上，污染场所或地区应处于场址常年主导风向的下风向；

 b）畜禽待宰圈（区）、可疑病畜观察圈（区）应有充足的活动场所及相关的设施设备，以充分保障动物福利。

5.2 屠宰过程中的卫生防疫要求

5.2.1 对有绿色食品畜禽饲养基地的屠宰场，应对待宰畜禽进行查验并进行检验检疫。

5.2.2 对实施代宰的畜禽屠宰场，应与绿色食品畜禽饲养场签订委托屠宰或购销合同，并应对绿色食品畜禽饲养场进行定期评估和监控，对来自绿色食品畜禽饲养场的畜禽在出栏前进行随机抽样检验，检验不合格批次的畜禽不能进场接收。

5.2.3 只有出具准宰通知书的畜禽才可进入屠宰线。

5.2.4 畜禽屠宰应参照GB/T 22569要求实施人道屠宰，宜满足动物福利要求。

5.3 畜禽屠宰场检验检疫要求

5.3.1 宰前检验

 待宰畜禽应来自非疫区，健康状况良好。待宰畜禽入场前应进

行相关资料查验。查验内容包括：相关检疫证明；饲料添加剂类型；兽药类型、施用期和休药期；疫苗种类和接种日期。生猪、肉牛、肉羊等进入屠宰场前，还应进行β-受体激动剂自检；检测合格的方可进场。

5.3.2 宰前检疫

宰前检疫发现可疑病畜禽，应隔离观察，并按照GB 16549的规定进行详细的个体临床检查，必要时进行实验室检查。健康畜禽在留养待宰期间应随时进行临床观察，送宰前再进行一次群体检疫，剔除患病畜禽。

5.3.3 宰前检疫后的处理

5.3.3.1 发现疑似附录A所列疫病时，应按照NY 467的规定执行。畜禽待宰圈/区、可疑病畜观察圈/区、屠宰场所应严格消毒，采取防疫措施，并立即向当地兽医行政管理部门报告疫情，并按国家相关规定进行处置。

5.3.3.2 发现疑似狂犬病、炭疽、布氏杆菌病、弓形虫病、结核病、日本血吸虫病、囊尾蚴病、马鼻疽、兔黏液瘤病等疫病时，应实施生物安全处置，按照GB 16548的规定执行。畜禽待宰圈（区）、可疑病畜观察圈（区）、屠宰场所应严格消毒，采取防疫措施，并立即向当地兽医行政管理部门报告疫情。

5.3.3.3 发现除上述所列疫病外，患有其他疫病的畜禽，实行急宰，将病变部分剔除并销毁，其余部分按照GB 16548的规定进行生物安全处理。

5.3.3.4 对判为健康的畜禽，送宰前应由宰前检疫人员出具准宰通知书。

5.3.4 宰后检验检疫

5.3.4.1 畜禽屠宰后应立即进行宰后检验检疫，宰后检疫应在适宜的光照条件下进行。

5.3.4.2 头、蹄爪、内脏、胴体应按照 NY 467 的规定实施同步检疫，综合判定。必要时进行实验室检验。

5.3.5 宰后检验检疫后的处理

5.3.5.1 通过对内脏、胴体的检疫，做出综合判断和处理意见；检疫合格的畜禽产品，按照 NY 467 的规定进行分割和储存。

5.3.5.2 检疫不合格的胴体和肉品，应按照 GB 16548 的规定进行生物安全处理。

5.3.5.3 检疫合格的胴体和肉品，应加盖统一的检疫合格印章，签发检疫合格证。

5.4 记录

所有畜禽屠宰场的生产、销售和相应的检验检疫、处理记录，应保存3年以上。

附录 A
（规范性附录）
畜禽不应患病种类名录

A.1 人畜共患病

口蹄疫、结核病、布氏杆菌病、炭疽、狂犬病、钩端螺旋体病。

A.2 不同种属畜禽不应患病种类

A.2.1 猪：猪瘟、猪水泡病、高致病性猪繁殖与呼吸综合征、非洲猪瘟、猪丹毒、猪囊尾蚴病、旋毛虫病。

A.2.2 牛：牛瘟、牛传染性胸膜肺炎、牛海绵状脑病、日本血吸虫病。

A.2.3 羊：绵羊痘和山羊痘、小反刍兽疫、痒病、蓝舌病。

A.2.4 马属动物：非洲马瘟、马传染性贫血、马鼻疽、马流行性淋巴管炎。

A.2.5 兔：兔出血病、野兔热、兔黏液瘤病。

A.2.6 禽：高致病性禽流感、鸡新城疫、鸭瘟、小鹅瘟、禽衣原体病。

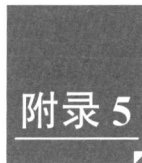

中华人民共和国农业行业标准

NY/T 658—2015

绿色食品 包装通用准则

Green food—Guideline on packaging

1 范围

本标准规定了绿色食品包装的术语和定义、基本要求、安全卫生要求、生产要求、环保要求、标志与标签要求和标识、包装、贮存与运输要求。

本标准适用于绿色食品包装的生产与使用。

2 规范性引用文件

下列文件对于本文件的应用是必不可少的。凡是注日期的引用文件，仅注日期的版本适用于本文件。凡是不注日期的引用文件，其最新版本（包括所有的修改单）适用于本文件。

GB 11680 食品包装用原纸卫生标准

中华人民共和国农业部 2015-05-21 发布　　　2015-08-01 实施

GB 14147　陶瓷包装容器铅、镉溶出允许极限
GB/T 16716.1　包装与包装废弃物　第1部分：处理和利用通则
GB/T 18455　包装回收标志
GB 19778　包装玻璃容器　铅、镉、砷、锑溶出允许限量
GB/T 23156　包装　包装与环境术语
GB 23350　限制商品过度包装要求　食品和化妆品
GB/T 23887　食品包装容器及材料生产企业通用良好操作规范
中国绿色食品商标标志设计使用规范手册

3　术语和定义

GB/T 23156界定的以及下列术语和定义适用于本文件。

3.1　绿色食品包装　package for green food

是指包裹、盛装绿色食品的各种包装材料、容器及其辅助物的总称。

4　基本要求

4.1　应根据不同绿色食品的类型、性质、形态和质量特性等，选用符合本标准规定的包装材料并使用合理的包装形式来保证绿色食品的品质，同时利于绿色食品的运输、贮存，并保障物流过程中绿色食品的质量安全。

4.2　需要进行密闭包装的应包装严密，无渗漏；要求商业无菌的罐头食品，空罐应达到减压或加压试漏检验要求，实罐卷边封口质量和焊缝质量完好，无泄漏。

4.3　包装的使用应实行减量化，包装的体积和重量应限制在最低水平，包装的设计、材料的选用及用量应符合 GB 23350 的规定。

4.4　宜使用可重复使用、可回收利用或生物降解的环保包装材料、

容器及其辅助物，包装废弃物的处理应符合 GB/T 16716.1 的规定。

5 安全卫生要求

5.1 绿色食品的包装应符合相应的食品安全国家标准和包装材料卫生标准的规定。

5.2 不应使用含有邻苯二甲酸酯、丙烯腈和双酚 A 类物质的包装材料。

5.3 绿色食品的包装上印刷的油墨或贴标签的粘合剂不应对人体和环境造成危害，且不应直接接触绿色食品。

5.4 纸类包装应符合以下要求：

——直接接触绿色食品的纸包装材料或容器不应添加增白剂，其他指标应符合 GB 11680 的规定；

——直接接触绿色食品的纸包装材料不应使用废旧回收纸材；

——直接接触绿色食品的纸包装容器内表面不应有印刷，不应涂非食品级蜡、胶、油、漆等。

5.5 塑料类包装应符合以下要求：

——直接接触绿色食品的塑料包装材料和制品不应使用回收再用料；

——直接接触绿色食品的塑料包装材料和制品应使用无色的材料；

——酒精度含量超过20%的酒类不应使用塑料类包装容器；

——不应使用聚氯乙烯塑料。

5.6 金属类包装不应使用对人体和环境造成危害的密封材料和内涂料。

5.7 玻璃类包装的卫生性能应符合 GB 19778 的规定。

5.8 陶瓷包装应符合以下要求：

——卫生性能应符合 GB 14147 的规定。

——醋类、果汁类的酸性食品不宜使用陶瓷类包装。

6 生产要求

包装材料、容器及其辅助物的生产过程控制应符合GB/T 23887的规定。

7 环保要求

7.1 绿色食品包装中4种重金属（铅、镉、汞、六价铬）和其他危险性物质含量应符合 GB/T 16716.1 的规定。相应产品标准有规定的，应符合其规定。

7.2 在保护内装物完好无损的前提下，宜采用单一材质的材料、易分开的复合材料、方便回收或可生物降解材料。

7.3 不应使用含氟氯烃（CFS）的发泡聚苯乙烯（EPS）、聚氨酯（PUR）等产品作为包装物。

8 标志与标签要求

8.1 绿色食品包装上应印有绿色食品商标标志，其印刷图案与文字内容应符合《中国绿色食品商标标志设计使用规范手册》的规定。

8.2 绿色食品标签应符合国家法律法规及相关标准等对标签的规定。

8.3 绿色食品包装上应有包装回收标志，包装回收标志应符合GB/T 18455 的规定。

9 标识、包装、贮存与运输要求

9.1 标识

包装制品出厂时应提供充分的产品信息，包括标签、说明书等标识内容和产品合格证明等。外包装应有明显的标识，直接接触绿色食品的包装还应注明"食品接触用""食品包装用"或类似用语。

9.2　包装

绿色食品包装在使用前应有良好的包装保护,以确保包装材料或容器在使用前的运输、贮存等过程中不被污染。

9.3　贮存与运输

9.3.1　绿色食品包装的贮存环境应洁净卫生,应根据包装材料的特点,选用合适的贮存技术和方法。

9.3.2　绿色食品包装不应与有毒有害、易污染环境等物质一起运输。

―――――――――――

中华人民共和国农业行业标准

NY/T 1056—2021

绿色食品 贮藏运输准则

Green food——Guideline for storage and transport

1 范围

本标准规定了绿色食品贮藏与运输的要求。

本标准适用于绿色食品的贮藏与运输。

2 规范性引用文件

下列文件对于本文件的应用是必不可少的。凡是注日期的引用文件，仅注日期的版本适用于本文件。凡是不注日期的引用文件，其最新版本（包括所有的修改单）适用于本文件。

GB 14881 食品安全国家标准 食品生产通用卫生规范

NY/T 393 绿色食品 农药使用准则

NY/T 472　绿色食品　兽药使用准则
NY/T 658　绿色食品　包装通用准则
NY/T 755　绿色食品　渔药使用准则

3　要求

3.1　贮藏

3.1.1　贮藏设施

3.1.1.1　贮藏设施的设计、建造、建筑材料等应符合 GB 14881 的规定。

3.1.1.2　应建立贮藏设施管理制度。

3.1.1.3　设施及其四周要定期打扫和消毒，优先使用物理方法对贮藏设备及使用工具进行消毒，如使用消毒剂，应符合 NY/T 393、NY/T 472 和 NY/T 755 的规定。

3.1.2　出入库

3.1.2.1　经检验合格的绿色食品才能出入库，在食品、标签与单据三者相符的情况下方可出入库。

3.1.2.2　出库遵循先进先出的原则。

3.1.3　码放

3.1.3.1　按绿色食品的种类要求选择相应的贮藏设施存放，存放产品应整齐，贮存应离地离墙。

3.1.3.2　码放方式应保证绿色食品的质量和外形不受影响。

3.1.3.3　不应与非绿色食品混放。

3.1.3.4　不应和有毒、有害、有异味、易污染物品同库存放。

3.1.3.5　产品批次应清楚，不应超期积压，并及时剔除过期变质的产品。

3.1.4　贮藏条件

3.1.4.1　应根据相应绿色食品的属性确定环境温度、湿度、光照和通风等贮藏要求。

3.1.4.2 需预冷的食品应及时预冷，并应在推荐的温度下预冷。

3.1.4.3 需冷藏或冷冻的食品应保证其中心温度尽快降至所需温度。活水产品应按照要求的降温速率实施梯度降温。

3.1.4.4 应优先使用物理的保质保鲜技术。在物理方法和措施不能满足需要时，可使用药剂，其剂量和使用方法应符合 NY/T 392、NY/T 393 和 NY/T 755 的规定。

3.1.5 贮藏管理

3.1.5.1 应设专人管理，定期检查贮藏情况，定期清理、消毒和通风换气，保持洁净卫生。

3.1.5.2 工作人员要进行定期培训和考核，绿色食品的相关工作人员应持有效健康证上岗。

3.1.5.3 应建立贮藏设施管理记录程序，保留所有搬运设备、贮藏设施和容器的使用登记表或核查表。

3.1.5.4 应保留贮藏电子档案记录，记载出入库产品的地区、日期、种类、等级、批次、数量、质量、包装情况及运输方式等，确保可追溯、可查询。

3.1.5.5 相关档案应保留 3 年以上。

3.2 运输

3.2.1 运输工具

3.2.1.1 运输工具应专用。

3.2.1.2 运输工具在装入绿色食品之前应清理干净，必要时进行灭菌消毒。

3.2.1.3 运输工具的铺垫物、遮盖物等应清洁、无毒、无害。

3.2.1.4 冷链物流运输工具应具备自动温度记录和监控设备。

3.2.2 运输条件

3.2.2.1 应根据绿色食品的类型、特性、运输季节、运输距离以及产品保质贮藏的要求选择不同的运输工具。

3.2.2.2 运输过程中需采取控温的，应采取控温措施并实时监控，相邻温度监控记录时间间隔不宜超过 10min。

3.2.2.3 冷藏食品在装卸货及运输过程中的温度波动范围应不超过 ±2℃。

3.2.2.4 冷冻食品在装卸货及运输过程中温度上升不应超过 2℃。

3.2.3 运输管理

3.2.3.1 绿色食品与非绿色食品运输时应严格分开，性质相反或风味交叉影响的绿色食品不应混装在同一运输工具中。

3.2.3.2 装运前应进行绿色食品出库检查，在食品、标签与单据三者相符的情况下方可装运。

3.2.3.3 运输包装应符合 NY/T 658 的规定。

3.2.3.4 运输过程中应轻装、轻卸，防止挤压、剧烈震动和日晒雨淋。

3.2.3.5 应保留运输电子档案记录，记载运输产品的地区、日期、种类、等级、批次、数量、质量、包装情况及运输方式等，确保可追溯、可查询。

3.2.3.6 相关档案应保留 3 年以上。

中华人民共和国农业行业标准

NY/T 2799—2015

绿色食品 畜肉

Green food—Livestock meat

1 范围

本标准规定了绿色食品畜肉的术语和定义、要求、检验规则、标签、包装、运输和贮存。

本标准适用于绿色食品畜肉（包括猪肉、牛肉、羊肉、马肉、驴肉、兔肉等）的鲜肉、冷却肉及冷冻肉；不适用于畜内脏、混合畜肉及辐照畜肉。

2 规范性引用文件

下列文件对于本文件的应用是必不可少的。凡是注日期的引用文件，仅注日期的版本适用于本文件。凡是不注日期的引用文件，其最新版本（包括所有的修改单）适用于本文件。

中华人民共和国农业部 2015-05-21 发布　　　　2015-08-01 实施

GB/T 191　包装储运图示标志

GB 4789.2　食品安全国家标准　食品微生物学检验　菌落总数测定

GB 4789.3　食品安全国家标准　食品微生物学检验　大肠菌群计数

GB 4789.4　食品安全国家标准　食品微生物学检验　沙门氏菌检验

GB/T 4789.6　食品卫生微生物学检验　致泻大肠埃希氏菌检验

GB/T 5009.11　食品中总砷及无机砷的测定

GB 5009.12　食品安全国家标准　食品中铅的测定

GB/T 5009.15　食品中镉的测定

GB/T 5009.17　食品中总汞及有机汞的测定

GB/T 5009.44　肉与肉制品卫生标准的分析方法

GB/T 5009.123　食品中铬的测定

GB 5749　生活饮用水卫生标准

GB 7718　预包装食品标签通则

GB 18394　畜禽肉水分限量

GB/T 19480　肉与肉制品术语

GB/T 20746　牛、猪肝脏和肌肉中卡巴氧、喹乙醇及代谢物残留量的测定　液相色谱—串联质谱法

GB/T 20756　可食动物肌肉、肝脏和水产品中氯霉素、甲砜霉素和氟苯尼考残留量的测定　液相色谱—串联质谱法

GB/T 20759　畜禽肉中十六种磺胺类药物残留量的测定　液相色谱—串联质谱法

GB/T 20762　畜禽肉中林可霉素、竹桃霉素、红霉素、替米考星、泰乐菌素、克林霉素、螺旋霉素、吉它霉素、交沙霉素残留量的测定　液相色谱—串联质谱法

GB/T 21312　动物源性食品中14种喹喏酮类药物残留量的测定　液相色谱—质谱/质谱法

GB/T 21317　动物源性食品中四环素类兽药残留量检测方法　液相色谱—质谱/质谱法与高效液相色谱法

GB/T 21320　动物源食品中阿维菌素类药物残留量的测定　液相色谱—串联质谱法

JJF 1070　定量包装商品净含量计量检验规则

NY/T 391　绿色食品　产地环境质量

NY/T 471　绿色食品　饲料和饲料添加剂

NY/T 472　绿色食品　兽药使用准则

NY/T 473　绿色食品　动物卫生准则

NY/T 658　绿色食品　包装通用准则

NY/T 1055　绿色食品　产品检验规则

NY/T 1056　绿色食品　贮存运输准则

NY/T 1892　绿色食品　畜禽饲养防疫准则

国家质量监督检验检疫总局令2005年第75号　定量包装商品计量监督管理办法

农业部781号公告—4—2006　动物源性食品中硝基呋喃类代谢物残留量的测定　高效液相色谱—串联质谱法

农业部1025号公告—18—2008　动物源性食品中β-受体激动剂残留检测　液相色谱—串联质谱法

3　术语和定义

GB/T 19480界定的以及下列术语和定义适用于本文件。

3.1　肉眼可见异物　visible foreign matter

肉品上不能食用的病变组织、胆汁、瘀血、浮毛、血污、金属、肠道内容物等。

4 要求

4.1 产地及原料要求

产地环境、活畜养殖管理以及屠宰加工用水，应分别符合NY/T 391、NY/T 471、NY/T 472、NY/T 473、NY/T 1892以及GB 5749的要求。

4.2 屠宰加工要求

4.2.1 屠宰

活畜应按NY/T 473和NY/T 1892的要求，经检疫、检验合格后，方可进行屠宰。

4.2.2 预冷却

活畜屠宰后24h内，肉的中心温度应降到4℃以下。

4.2.3 分割

预冷却后的畜体分割时，环境温度应控制在12℃以下。

4.2.4 冻结

需冷冻的产品，应在-28℃以下环境中，其中心温度应在24h~36h内降到-15℃以下。

4.3 感官要求

应符合表1的规定。

表1 感官要求

项目	鲜畜肉（冷却畜肉）	冻畜肉（解冻后）	检验方法
组织状态	肌肉有弹性，经指压后凹陷部位立即恢复原位	肌肉经指压后凹陷部位恢复慢，不能完全恢复原状	将样品置于洁净白色托盘中，在自然光下，目视检查组织状态、色泽，肉眼可见异物，用鼻嗅其气味
色泽	表皮和肌肉切面有光泽，具有畜种固有的色泽		
气味	具有畜种固有的气味，无异味		
肉眼可见异物	不得检出		

4.4 理化指标

应符合表2的规定。

表 2　理化指标

项目	指标	检验方法
水分，%	≤ 77	GB 18394
挥发性盐基氮，mg/100g	≤ 15	GB/T 5009.44

4.5 兽药残留及限量

应符合相关食品安全国家标准及相关规定，同时应符合表3的规定。

表 3　兽药残留限量　　　　　单位为微克每千克

项目	指标	检验方法
氟苯尼考（florfenicol）	≤ 100	GB/T 20756
甲砜霉素（thiamphenicol）	≤ 50	GB/T 20756
氯霉素（chloramphenicol）	不得检出（<0.1）	GB/T 20756
磺胺类（以总量计）（sulfonamides）	不得检出（<40）	GB/T 20759
泰乐菌素（tylosin）	≤ 200	GB/T 20762
呋喃唑酮代谢物（AOZ）	不得检出（<0.25）	农业部781号公告—4—2006
呋喃它酮代谢物（AMOZ）	不得检出（<0.25）	农业部781号公告—4—2006
呋喃妥因代谢物（AHD）	不得检出（<0.25）	农业部781号公告—4—2006

（续表）

项目	指标	检验方法
呋喃西林代谢物（SEM）	不得检出（<0.25）	农业部781号公告—4—2006
喹诺酮类（以总量计）(quinoloncs)	不得检出（<3）	GB/T 21312
四环素/土霉素/金霉素（单个或复合物）(tetracycline/oxytetracycline/chlortetracycline)	≤ 100	GB/T 21317
强力霉素（doxycycline）	≤ 100	GB/T 21317
喹乙醇代谢物（以3甲基喹恶啉-2-羧酸计）(MQCA)	不得检出（<0.5）	GB/T 20746
伊维菌素（Ivermectin）	≤ 10	GB/T 21320
盐酸克伦特罗（clenbuterol）[a]	不得检出（<0.25）	农业部1025号公告—18—2008
莱克多巴胺（ractopamine）[a]	不得检出（<0.25）	农业部1025号公告—18—2008
沙丁胺醇（salbutamol）[a]	不得检出（<0.25）	农业部1025号公告—18—2008
西马特罗（cimaterol）[a]	不得检出（<0.25）	农业部1025号公告—18—2008

[a] 兔肉不检测此项。

4.6 微生物限量

应符合表4的规定。

表 4 微生物限量

项目	指标	检验方法
菌落总数，CFU/g	≤ 1×10^5	GB 4789.2
大肠菌群，MPN/g	<100	GB 4789.3
沙门氏菌	0/25g	GB 4789.4
致泻大肠埃希氏菌	不得检出	GB/T 4789.6

4.7 净含量

应符合国家质量监督检验检疫总局令2005年第75号《定量包装商品计量监督管理办法》，检验方法按JJF 1070执行。

5 检验规则

绿色食品申报检验应按照标准中4.3～4.7以及附录A所确定的项目进行检验。其他要求应符合NY/T 1055的规定。

6 标签

应符合GB 7718的规定。

7 包装、运输和贮存

7.1 包装

应符合GB/T 191和NY/T 658的规定。

7.2 运输和贮存

7.2.1 运输过程应符合 NY/T 1056 规定。应使用卫生并具有防雨、防晒、防尘设施的专用冷藏车船运输，运输过程中应控制运输温度，鲜肉和冷却肉为0℃～4℃，冷冻肉为－18℃，温度变化为 ±1℃。

7.2.2 冻肉贮存于-18℃以下的冷冻库内,库温昼夜变化幅度不超过1℃。

7.2.3 鲜肉和冷却肉应贮存在-2℃~4℃,相对湿度85%~90%的冷却间。

附录 A

(规范性附录)

绿色食品畜肉产品申报检验项目

表A.1规定了除4.3~4.7所列项目外,依据食品安全国家标准和绿色食品生产实际情况,绿色食品申报检验还应检验的项目。

表 A.1 依据食品安全国家标准绿色食品畜肉产品申报检验必检项目

单位为毫克每千克

序号	项目	指标	检验方法
1	总砷(以 As 计)	≤ 0.5	GB/T 5009.11
2	铅(以 Pb 计)	≤ 0.2	GB 5009.12
3	镉(以 Cd 计)	≤ 0.1	GB/T 5009.15
4	总汞(以 Hg 计)	≤ 0.05	GB/T 5009.17
5	铬(以 Cr 计)	≤ 1.0	GB/T 5009.123